西北工业大学精品学术著作培育项目资助出版
电动飞机系列图书

电动飞机技术基础

Fundamentals of Electric Aircraft

［美］帕斯卡·塞林 著

雷 涛 张晓斌 译

西北工业大学出版社

西 安

著作权合同登记号:25-2024-148

图书在版编目(CIP)数据

电动飞机技术基础 /（美）帕斯卡·塞林著;雷涛,
张晓斌译 . — 西安：西北工业大学出版社,2023.11
ISBN 978 - 7 - 5612 - 9058 - 3

Ⅰ.①电… Ⅱ.①帕… ②雷… ③张… Ⅲ.①电动控
制-航空发动机-研究 Ⅳ.①V237

中国国家版本馆 CIP 数据核字(2024)第 003830 号

DIANDONG FEIJI JISHU JICHU
电 动 飞 机 技 术 基 础

帕斯卡·塞林 著

雷涛 张晓斌 译

责任编辑：高茸茸	策划编辑：杨 军
责任校对：张 潼	装帧设计：梁 卫 郭 伟

出版发行：西北工业大学出版社
通信地址：西安市友谊西路 127 号　　邮编:710072
电　　话：(029)88491757，88493844
网　　址：www.nwpup.com
印 刷 者：陕西金和印务有限公司
开　　本：787 mm×1 092 mm　　　1/16
印　　张：17.625
字　　数：294 千字
版　　次：2023 年 11 月第 1 版　　2023 年 11 月第 1 次印刷
书　　号：ISBN 978 - 7 - 5612 - 9058 - 3
定　　价：98.00 元

如有印装问题请与出版社联系调换

译者序

当前航空运输业正面临着节能减排、绿色发展的转型,为了实现"碳中和""碳达峰"等目标,需要将传统飞机的液压能、机械能、气动能等二次机载能源逐步统一为电能,从而形成多电/全电飞机,进而发展采用电力作为飞机主要推力来源的电推进飞机。当前,航空业已经开始了电动航空的技术研究和工程项目,在此基础上,人们对飞机电推进技术的探索和认识也在不断加深。飞机采用电推进技术能够减少化石燃料的燃烧、减少温室气体的排放、减轻噪声污染,具有更高的安全性以及更优越的飞行气动性能和效率。目前,混合电推进系统和全电推进系统在汽车、船舶等交通领域应用较为广泛,而人们对飞机的电推进系统的研究起步较晚。在绿色航空、节能减排及其他交通领域的技术带动下,目前,航空科技领域也在逐步完善电推进飞机的设计流程,研究开发混合电推进系统和全电推进系统,并提出了多种评估优化设计方法及流程。欧美各国航空制造企业、研究机构和初创科技企业陆续开展了多个型号的电动飞机研究和商业技术开发项目,且一些已经进行了商业化的试运营演示。相较于国外,目前我国对节能环保电动飞机的研究规划还不够充分、及时,对电推进飞机的研究和设计主要集中在小型通航飞机和无人机上,对中大型混合电推进飞机的研究也起步较晚,因此在飞机电推进系统关键技术方面的研究成果较少。

目前,国内外各研究机构和科技企业均处于电动航空技术的起步阶段。以电推进飞机技术引发的技术革新为契机,我国航空业有望迅速达到或赶超世界先进水平,同时带动我国多个相关产业的整体发展,为实现航空强国提供重要支撑。电动飞机技术属于学科交叉前沿,涉及航空动力、电气工程、航空宇航工程等多个领域,目前已成为航空动力领域的研究热点。未来的电动航空产业具有巨大的社会经济效益，可以带动地方通航产业、交通运输以及城市基础设施等多个经济领域的发展，国家已经将绿色电动航空技术及其产业列为交通"十四五"规划的重点发展方向。

本书为译著，原版书籍为国际自动机工程师学会（SAE International）于2018年出版的 *Fundamentals of Electric Aircraft*。该书提供了一个分享电动航空知识的机会，有助于读者更好地理解电动飞机的指标、成功因素、技术风险和社会经济影响，从而揭示电动飞机技术背后的挑战。与此同时，电动飞机领域创新架构和技术方面的巨大进步，推动了全面的飞机电气化，也被纳入了该书的讨论范围。该书系统地介绍了飞机多电/全电技术到电推进技术，从飞机能源系统电气化的角度详细分析了电推进技术的基本原理和工程实施设计方法，可以很好地促进航空电气工程领域、能源动力领域的技术发展。

原书的主要作者帕斯卡·塞林（Pascal Thalin）博士是国际自动机工程师学会电动航空指导委员会主席，撰写该书时已在空中客车、赛峰、泰莱斯等公司的技术领导岗位工作了近20年，对于不同飞机的动力系统、作动系统、电力系统的项目管理、开发研究具有深厚的经验积累。

该书是目前国内外第一部较为系统、完整介绍和分析电动航空技术的论著，从引用的参考文献和各种技术资料来看，其具有很强的权威性和先进性。由于国内目前尚缺乏对飞机电推进技术进行原理和工程应用分析讲述的相关的系统性著作，因此，本译著的出版可以促进其对国内研究者的影响，为我国绿色航空技术的进一步发展奠定基础，推进我国电动航空领域技术的进步，同时可为电动航空技术开发者、工程师以及高等学校的本科生和研究生深入学习研究电动航空技术提供一个很好的学习资源。从以上角度分析，本译著无疑具有很高的学术及工程应用价值。

在本书的译制过程中，得到了西北工业大学精品学术著作培育项目的资助和飞机电推进技术工信部重点实验室的大力支持，实验室的几位博士研究生和硕士研究生也参与了译制工作，在此谨向他们致以深切的感谢。

限于译者水平，书中难免有不足之处，诚恳地欢迎读者对本书提出批评与指正。

译　者

2023 年 6 月于西北工业大学

前 言

PREFACE

当 SAE International 出版社给我提供撰写这本书的机会时，我毫不犹豫地选择了用简单的语言来表达什么是电动飞机。我在航空技术领域工作了近 20 年，特别关注航空电气化技术，很高兴能与大家分享我的经验。我想把最先进的、最新的技术信息汇集在一起，以方便解释电动飞机的含义。将电动飞机与传统飞机进行比较，有助于通过它所遵循的技术发展路线图来展望它的未来，而不是仅仅谈论跑道或"垂直起降机场"，我必须说：读者将在本书内容中找到所需要的技术细节！

作为 SAE International 出版社的核心工作，这项工作提供了一个分享知识的机会，有助于人们更好地理解电动飞机的指标、成功因素、风险和社会影响，从而迎接电动飞机背后的挑战。与此同时，电动飞机创新架构和技术方面的巨大进步，推动了全面的飞机电气化，这也被纳入了本书的视野。

从电动飞机及其利害关系发展的角度，可以期待提出一个客观的观点。作为该观点的主要目标之一，本书主要讨论了电动飞机技术的设计限制和达到可接受的性能、技术成熟度水平的预期时间线，以及阻碍该技术发展的因素。此外，本书还总结了电动飞机目前取得的技术进展和未来几年的发展展望。

通过笔者、撰稿人和技术专家的努力，希望《电动飞机技术基础》这本书是飞机制造商、设备供应商（发动机和机载系统）、学术界、研究组织，以及航空公司和认证机构集体努力的结果。当考虑到电动飞机技术时，从整个行业的角度出发描述各种不同观点，这一使命被认为是可以完成的。这在某种程度上使得未来的设计方法不会因脱离可实际操作的现实情景而"落地"。可以肯定的是，随着大量的电动飞机项目的出现，特别是在城市交通领域，不可避免地会出现"成功与失败"的情况。这是因为航空技术需要绝对地规避风险，该技术只有在通过严格的适航认证手段证明风险降低后，才会被"授权"飞行，不允许出现误判。

没有这些人的努力，从不同角度想象电动飞机是不可能的。本书贡献者和评论者为这本书花费了宝贵的时间，这是值得赞扬的，因为用简单技术术语表达的专业信息更容易为读者所接受。

对于飞机制造商、发动机 / 系统制造商和运营商而言，如何做到物有所值是他们主要关注的问题之一，而乘客则在寻找最优质的服务和廉价的机票。作为一名技术书籍编辑，在技术方面，我希望注入与成本相关的分析，以了解在新的电力系统架构和电动技术实现其技术收益的情况下，性能增强和燃油节约如何能带来更多的价值。

我首先要感谢 Ravi Rajamani、Jean-Charles Maré 和 Sven Taubert 等人，他们自愿合作并提供了他们对电动飞机的见解和愿景。我还要感谢出现在章节末尾的参考文献的作者，他们的深入研究和发现对本书的内容质量做出了无可比拟的贡献。另外，我深深感谢那些在评论和建议背后给出专家观点的评审人员，他们为这个项目带来了巨大的附加价值。我不得不在此一一列举他们：

Monica Nogueira （国际自动机工程师学会，美国）

Amy L. Jankovsky（国家航空航天局，美国）

James L. Felder（国家航空航天局，美国）

Ian A. Halley（波音公司，美国）

Michel Todeschi（空中客车公司，法国）

Marty K. Bradley（波音公司、南加州大学，美国）

Eddie Orr（罗－罗公司，英国）

Wayne Pearson（霍尼韦尔公司，美国）

Norman Pereira（美国联邦航空管理局，美国）

Todd Spierling（联合技术航空航天系统公司，美国）

Isidoro Martinez（马德里理工大学，西班牙）

Bruno Stoufflet（达索航空公司，法国）

此外，由 Serge Roques（赛峰公司，法国）分享的关键信息和专家知识也使得相关章节更加清晰、完整。

我要非常感谢 Monica Nogueira，是她发起了这个项目，并一直支持它。没有她的帮助，这本书不可能出现在读者的书架上或平板电脑里。

只要产品或技术符合所解释的什么是电动飞机以及它可能如何发展的目标，它们的公司名称就会在书中被提到。该电动飞机演示项目和受到审查的技术不能被认为是详尽无遗的。此外，他们为自己相关领域的技术成就所获得的荣誉绝不会给不在这里讨论的项目和研究投下任何阴影。事实上，在选择需要阐述的技术内容时，我们做出了艰难的决定，以便向读者呈现平衡而简洁的描述。

无论是对初学者还是经验丰富的工程师，这样做都是为了满足读者的技术好奇心。我相信读者会从中学到很多东西，在电动飞机轰隆隆地开动时，会明白它们是如何在我们未来的天空中飞行的，它们或多或少接近我们的眼睛，但远离我们的耳朵。《电动飞机技术基础》无疑会给大学生带来一些启发，且航空和其他交通领域的工程师、专家和学术界人士也可以近距离了解相关技术的内容和功能。另外，战略业务规划者也可以从这里提供的信息中获得良好的灵感。

本书不仅从电动飞机技术的发展和研究出发，提供了来自工业实际的第一手的理论知识，而且提供了电气化系统的关键参数，允许与传统的解决方案进行比较。这些技术不是深不可测的黑匣子，而是为适应飞机狭小空间而量身定制的硬件和软件，以应用在"多电"或未来的"电动"飞行中，这些场景和技术改变可能就发生在靠近读者的某个地方！

渴望获得更多知识的读者可以参考 SAE International 出版社和我计划在电动飞机技术方面提供的未来系列书籍。因此，您的反馈将会很有帮助。

亲爱的读者们，现在就翻开这一页，深入研究一下电动飞机技术领域，了解其基本原理。让应用了电动技术的各种大小、形状的飞机在不同航线上飞行并没有看起来那么容易，但未来的发展趋势是非常清晰的：电动飞机技术会坚持发展下去。电动飞机技术正以不可阻挡的趋势发展变化着。

帕斯卡·塞林

目 录 CONTENTS

第 10 章
电动飞机的性能与商业价值

第 1 章

电动飞机的简介和发展历史

CHAPTER ONE

·电动飞机技术基础·

1.1　电动飞机背景介绍

在可预见的未来，制造和生产全电飞机将成为现实。这要归功于航空航天工业中开发的一系列创新性的解决方案，并且在现代飞机能源系统中，使用电能驱动的液压和环境控制系统已在逐步取代传统的液压和气动系统。

宽体客机制造厂家的重点不是单纯地制造电动飞机，而是开发所谓的使用更多电能的飞机。这意味着这些制造厂商试图尽可能地使用电力来支持飞机的各种系统。尽管许多机载系统（例如机载计算机、导航仪、作动器控制、照明、通风和机上娱乐系统）已经使用电力来工作，但是目前新的应用（如发动机起动和环境控制系统等）还在实现电气化的进程中。

例如，在波音787"梦幻"客机中，大力扩展的电气系统产生的电力是以前波音飞机系统电功率的两倍，许多液压和气动系统被电气系统所取代[1]。考虑到电气系统更灵活的优势，这种相对来说较为先进的电气化趋势必然会增长。这样的系统会具有更高的效率、更高的可靠性和更低的维护成本，节省了燃油，提高了飞机系统整体的性能。

如今，飞机电气系统平均能源消耗量约占飞机能源的1/4，主要用于为中低能耗的动力系统供电。未来，需要大幅增强发电和电能转换系统的能力，并为飞机在地面和飞行中的所有电气化功能提供动力。与此同时，我们必须保持并且使飞机电力系统更轻便、更紧凑、更易于维护。

对于航空公司而言，上述的这种转变推动了节省燃油、减小碳足迹和减少NO_x的排放，并且削减了维护的成本，同时提高了系统的可靠性。然而，对于现有飞机逐步电气化和仍然具有传统架构新型飞机并存的局面，由于缺乏优化的可能性，飞机多电化的趋势有时会停滞不前。因此，完全不同的飞机设计体系架构是必要的。

1.2 电气化趋势

航空航天工业正在重新思考与传统架构不同的新概念，用于设计一种全新的混合动力或者全电飞机。应对这些挑战的关键在于减轻飞机的质量，设计更轻巧、更创新、更高效、更可靠的推进和非推进系统。由于混合电（HE）推进技术和推进电机的发展，可以实现部分或全部依靠电力来提供动力和推力，提高了飞机电力系统的电气化程度，因此，这种新型飞机将更加节能，环境有害排放物足迹将更小，维护成本将更低。

对于这些新型飞机，首先关注到的就是它们的外形将与我们现阶段所认知的飞机外形完全不同。简而言之，现阶段飞机在机翼或者机身上装有发动机。像波音和空客最近在其窄体客机 737 MAX 和 A320neo 设计中所做的一样，这些飞机无须依靠电气化，可以使用更新、更高效的发动机。通过使用这些新的发动机，系统效率将提高 15% 以上，但基本架构保持不变。因此，就整个系统工程而言，此设计实际上只是一个改进，而并非全新的设计。相比之下，电力推进将迎来完全不同的范例。通过代替固定在机翼上的一个或两个发动机，全电（AE）和混合电（HE）推进可能需要使用"分布式推进"架构，将多个发动机排列在飞机机翼上，或者将电动机安装在机体内。飞机机身本身看起来像是巨大的飞行翼，所有这些看起来很激进的设计理念都是为了进一步提高飞机空气动力学效率。

这些巨大的变化将需要我们对飞机进行彻底的重新设计。这不仅仅是将大容量的电池装入飞机中的某个地方，然后与发动机的电缆连接起来这么简单的事情。全电和混合电推进系统将必须完全融入飞机机体，并且采用新颖的技术方法来支持机载能源的生产、存储、分配和转换需求。

自 2010 年以来，已经有大量的研究和开发力量对小型飞机进行了电推进概念设计研究。我们已经目睹了 1 ～ 4 座电动飞机的试飞，例如空客 E-Fan（2014 年）、Ehang 184（2018 年）、Volocopter VC200（2016 年）、Lilium（2017 年）、Joby Aviation S4（2017 年）、空客 Vahana（2018 年）和 Kitty Hawk Cora（2018 年）等。

从 Pipistrel 的单座电动滑翔机到 Zunum 和 Eviation 的支线飞机，目前许多公司正在开发各种新概念电动飞机。关于最多可容纳 100 名乘客的 HE 飞机，空中客车公司首席执行官汤姆·恩德斯（Tom Enders）认为，到 2030 年，该行业将有能力生产制造电动飞机，且这种飞机至少具备可以满足短期的本地飞行旅行的能力。

1.3　早期电动飞行历史

用电力来驱动飞机飞行并不是什么新现象。最早有记录的电动机在航空中的使用是在约 19 世纪末的法国，电动机被用来驱动电动飞艇的螺旋桨。Gaston Tissandier 和他的兄弟 Albert 都是热气球的爱好者。Tissandier 被认为是第一个将电机（来自西门子公司）安装到飞艇并实现电动飞行的人。这件事情于 1883 年 10 月 8 日发生在法国的欧特伊（见图 1.1）。在 1886 年出版的关于飞艇的著作中，Tissandier 这样描述飞艇："该飞艇长为 28 m，宽为 10 m，中间直径为 9.2 m。在它的下部装备有一个由自动阀门终止的附加锥体。飞艇所使用的织物由轧光细布或棉衬里布材料制成，并使用一种新型优质材料的防水清漆。飞艇的体积是 1 060 m³。"

在描述飞艇上的电气部件的时候，Tissandier 说："飞艇推进发动机采用西门子特制的发电机，有 100 kg 的扭矩和 45 kg 的质量。螺旋桨是双叶的，通过齿轮传动与机器连接在一起。它的直径为 2.80 m，转速为 180 r/min。重铬酸盐电池在飞艇的结构中由 24 个大面积、高容量的锌极板组成。"

早期电气元件的功率密度，包括蓄电池（电池）和电机的输出功率，不足以为重于空气的飞行器提供推进动力。也正是因此，直到 20 世纪 70 年代，真正的电动飞行才成为可能。

图 1.1　1883 年 10 月 8 日，在法国欧特伊，Tissandier 进行电动飞艇飞行实验

第一个达到这一里程碑的人是德国人弗雷德·弗瑞基，他与奥地利飞机制造商布里迪奇卡合作，利用一个电动机将现有的 HB-3 电动滑翔机的电能转换为飞行动能。名为 MB-E1 的 AE 飞机于 1973 年 10 月 21 日由海诺·布里迪奇卡驾驶，从林茨附近的 Wels 机场起飞。它由 Varta 牌的镍镉（Ni-Cd）电池和一个 10 kW 的博世牌的直流电动机提供飞行动力[14]。由于当时电气技术发展的限制，无法实现长时间持续飞行，所以 MB-E1（见图 1.2）在第一天仅完成了 9 min 的飞行。在此之后，人们的兴趣转向了太阳能动力飞行。

图 1.2　电动滑翔机 MB-E1（由弗雷德·米利基设计，由海诺·布里迪奇卡驾驶）

1.4　太阳能时代

在电动飞机发展的过程中，太阳能动力飞行是一个有趣且持续发展的章节。虽然它是所有选择中最环保的，但因为其所有的能量都来自太阳能，所以它也是载人飞行中最不实用的。但是，对于各种无人飞行任务，如高空长时间侦察和通信中继任务，它则是一种理想的低成本替代方案。美国国家航空航天局（NASA）的由 AeroVironment 公司设计的"太阳神"原型太阳能动力飞机的飞行高度在 2001 年达到了 $10 \times 10^4 \, ft$（$1 \, ft = 0.304 \, 8 \, m$），但是在两年后被湍流气流所摧毁。"太阳神"号无人机有 14 个发动机，采用飞翼布局，在整个 $184 \, m^2$（$1 \, 980 \, ft^2$）的面积上均覆盖太阳能电池板。其备用能量储存在锂电池组中（见图 1.3）。

图 1.3　NASA/AeroVironment "太阳神" 原型太阳能动力飞机

　　20 世纪 70 年代和 80 年代是太阳能飞行器的活跃时期。1974 年 11 月 4 日，第一架太阳能飞机 "日出一号"（Sunrise 1）在美国加利福尼亚州进行试飞。"日出一号" 是罗兰布彻斯公司建造的无人驾驶飞机。保罗·麦克格雷迪是 AeroVironment 公司的创始人，也是第一个在 1979 年驾驶 "太阳能挑战者" 号穿越英吉利海峡的人。"太阳能挑战者" 号没有安装电池组，所以如果没有太阳的话，其飞行将会十分困难！但是，第一架载人太阳能飞机 "阳光动力 2 号" 却不是这样。"阳光动力" 号由瑞士团队建造，由安德烈·博尔什伯格和波特兰·皮卡德共同承担飞行任务，他们在 16 个多月的时间中仅完成了 5 个月时长的飞行，因为他们在夏威夷停飞了近一年，对飞机进行了一些维修。"阳光动力 2 号" 于 2015 年 3 月 9 日从阿布扎比起飞，于 2016 年 7 月 26 日返回阿布扎比，共飞行了 42 000 km[5]。

　　如上所述，目前，太阳能飞行器载人飞行是完全不切实际的。以空客 A380-800 为例，它的机翼面积约为 848 m^2（9 128 ft^2），水平尾翼面积约为 205 m^2（2 207 ft^2）。假设尽可能在所有的机身上部面积铺设光伏电池板，大约为 800 m^2（8 611 ft^2）。由于太阳辐射不会直接全部照射到整个机身上，所以可以假设只有 65% 的太阳辐射是有用的，这样计算的太阳能电池板平面和机身的总有效面积约为 1 570 m^2（16 899 ft^2）。光伏电池的能量转换效率不是很好，即使没有损耗，每平方米的面积也只能产生大约 0.2 kW 的电力。在所有这些假设下，一架整个上表面覆盖着效率最高的薄膜太阳能电池的空客 A380 在最有利的条件下，最多仅可提供 314 kW 的电能，远远不

电动飞机技术基础

能满足大型客机电功率的需求。

太阳能飞机需要用轻质木材料来进行制造，这是为了有效地承载自身和乘客的重量。这也预示着太阳能电动方案在商业航空中是不实用的。虽然有人确实实现了驾驶电动飞机飞行，并且只用了一个 10 kW 的电动机便可运载一个人，但是 MB-E1 飞机相比于 A380 是超小型飞机，并且设计中只能运载一个人。

因此，目前实现载人电力推进飞行的唯一实用方法是利用可充电电池或混合电推进系统。但是，除了涉及少数乘客的短途飞行之外，电池供电适用于商业飞行吗？我们认为实现这一目标可能需要较长时间。

1.5 全电和混合电推进技术

直到 21 世纪初，人们对电动飞行的兴趣重燃，这促使了该领域研发资金的大量注入，以及致力于不同类型电动飞机开发的初创科技公司的快速增长。目前，从个人移动飞行设备到四座电推进飞机，都有各式各样的产品出现，并且计划推出更大的电动飞机。例如，美国国家航空航天局（NASA）正在重启 X-plane 这一研究项目，将一架四座通用航空飞机 X57 转换为全电推进配置。电动飞机的增长与电动汽车的增长是同步的，而后者带来的规模经济也证明其是电动航空业的福音。

电力推进有两种主要方式：全电动和混合动力。后者可进一步分为并联混合动力和串联混合动力。在此基础上，还提出了其他的分类，但有许多细微的变化，然而每一个推进架构都将归入这两个（或三个）类别中的一个。全电动模型由存储在电池中的电能驱动电动机，电动机与风扇相连，提供飞机飞行推力。串联混合动力方案都有相同的推进元件，即电动机，但电能的来源通常是由多种类型的化学能转化，典型的是由燃料动力涡轮驱动发电机。在这个动力系统中可能配置电池。而并联混合动力方案则是通过由化学能产生动力的涡轮机提供一部分推进力并通过发电机驱动一个或多个电动机提供另一部分推力所需的电能。目前，这三种架构已有许多正在运行或正在开发中的飞机实例。全电动设计是当前最普遍的，因为它是将现有的传统动力飞机转换为电推力飞机的最简单的方法。混合动力系统的设计需要更多的工程技术，而且大多数产品都是面向未来使用的。

还有许多电动无人机和无人驾驶飞行器（Unmanned Aerial Vehicle, UAV），但它们不在本书的考虑范围之内。在本书中，只讨论有人驾驶飞机。滑翔机是第一类通过增加发动机协助起飞而转换为电力推进的飞机。例如，Urs 和 Vezzini[6]的论文中就列出了一些装有电动螺旋桨的滑翔机。1997 年，生产制造了 Silent Club 单座滑翔机。一些欧洲公司，如安塔瑞斯，已经明显地参与了这种技术的开发与转换。根据维基百科资料，2003 年，Lange Antares 20E 获得了第一个电动飞机适航证书。

电池并不是飞机唯一的电力来源。燃料电池也将是混合电推进技术的一种形式。波音公司与西班牙的一家公司合作，在将一架钻石 HK36"超级迪莫纳"电驱动滑翔机改装为研究试验台的基础上，开发了一架演示验证飞机。它由质子交换膜（PEM）燃料电池提供能量，储存的氢气作为燃料来源，于 2008 年初进行了飞行测试[8]。如今，燃料电池的飞行研发项目在德国最为活跃，由多家公司和德国宇航中心（DLR）联合进行研发。HY4 四座飞机是基于 Pipistrel 电动滑翔机进一步研发的产品，计划由 H2FLY 公司[9]进行商业飞行。2016 年 9 月下旬，HY4 飞机在斯图加特机场进行了首飞。

本章的其中一位作者最近出版的一本书中，对电推进飞机的历史和各种技术进行了更详细的说明与介绍[10]。

与此同时，美国和欧洲的政府机构一直致力于资助这一领域的研究。2011 年 10 月，美国宇航局与谷歌公司合作，举办了第一次绿色飞行挑战赛。其目标是在 2 h 内飞行 200 mile（1 mile=1 609.34 m），每位乘客使用 1 gal（1 gal ≈ 3.79 L）的燃料，或者相同能量的电能。这次比赛由一架改良的 Pipistrel 金牛座 G4 电动滑翔机赢得了冠军。斯洛文尼亚滑翔机制造商的美国分公司改装了他们的四座"金牛座"，用一个 150 kW 的电动机取代了内燃（IC）发动机。这架飞机有独特的双机身设计，发动机安装在两个机身之间的机翼上。尽管绿色飞行挑战赛的目标不是制造一架电动飞机，但冠军和亚军均采用全电设计。亚军是由 e-Genius 制造的全电飞机。值得注意的是，前面提到的 HY4 燃料电池飞机与金牛座 G4 飞机的设计几乎相同。

另一类被用于改进的飞机是较小的单座或双座通航飞机，它们的集成推进发动机被电池组和电动机所取代。一些公司甚至从头开始设计和开发这种飞机。空中客车公司在欧洲成立了一家名为伏尔泰的公司，用来开发电动飞机。E-Fan 是一款双座概念飞机，于2014年首次公开亮相，其机翼的上下两侧各安装了两个32 kW的电动机。它由一组锂离子电池供电，续航时间约为1 h。2015年7月9日，这架飞机首次尝试载人横渡英吉利海峡，但不幸的是，法国特技飞行员休斯·杜瓦尔驾驶着世界上最小的双发载人飞机"Cri-Cri Cristaline"（水晶），以数小时之差击败了E-Fan。然而，杜瓦尔胜利的唯一不足就是"水晶"飞机的起飞是由另一架飞机协助的。更巧合的是，就在同一周的早些时候，来自Pipistrel的一个团队准备用他们的Alpha电动飞机尝试穿越该海峡，但由于各种原因被阻止了。为了增强他们的创新能力，空客公司在硅谷成立了一家名为A^3（A立方）的公司，该公司正在研究一种名为Vahana的电动垂直起降（Vertical Take Off and Landing，VTOL）飞行器。这是空客进入自主个人机动/空中出租车领域的开始。现在看来，E-Fan计划是为了生产量产飞机，目前项目已经中断，该团队已经在进行一个被称为E-Fan X的演示项目。在这个项目计划中，BAE 146飞机的一个喷气发动机被一个由西门子电机驱动的风扇所取代，它的能量来源于安装在飞机上的劳斯莱斯涡轮轴发动机驱动的霍尼韦尔发电机。这家合资企业的合作伙伴空中客车、西门子和罗尔斯-罗伊斯，也在研制一种名为eThrust的更大的概念商用飞机。

许多电动飞机项目的支柱是可充电锂离子电池，即二次电池。虽然有些公司使用主电池（不可充电）作为应急备用，但主要的电源仍然是二次电池。锂离子电池比用旧化学物质制造的电池轻得多，其能量密度约为220（W·h）/kg，而另两种流行的飞机电池技术——铅酸电池和镍镉电池（Ni-Cd）的能量密度仅分别为35（W·h）/kg和50（W·h）/kg。这些电池的生产成本近年来迅速下降，从2010年的1 000美元/（kW·h）下降到2017年的200美元/（kW·h）。通过在一定程度上控制使用电池的方式所对应的参数，这些电池的使用寿命也有了明显的增长，这样，电力推进技术开始具有经济意义。这并不意味着航空产业的其他方面，如开发成本、认证等变得容易，但至少与电推进技术相关的高昂成本正在下降。

很明显，许多挑战仍然存在，除了应用在非常小的飞机平台上，目前全电架构是不可行的。为了将面临的技术挑战概念化，空客E-Fan采用两个32 kW的电动机进行验证。一架可容纳400～600名乘客的波音747飞机，起飞功率大约需要94 MW，巡航功率大约需要40 MW。这94 000 kW，大约是E-Fan功率的1 500倍。进一步计算（这都是封底计算），一架 747-8 型飞机飞行 62 min 所需要的电池系统、电力电子设备和电动机的总质量约为 375 t，其中包括按规定额外留出的 30 min 的应急备用容量。这是假设电力电子设备的特定功率为 15 kW/kg，电机和发电机的特定功率为 10 kW/kg。这些都是非常有前瞻性的假设，因为目前的技术水平无法提供或者达到这些数据指标。这架飞机的最大起飞重量（Maximum Take Off Weight，MTOW）约为 450 t，这意味着只有当所有的电池能装进并不多的剩余空间时，波音 747-8 能够携带的设计有效载荷约为 75 t。82 min 的飞行将不能携带任何额外的有效载荷，因为所有的重量空间将被安装的电池组用完！顺便说一句，在大约 1 h 的飞行中，该飞机电池中所储存的能量相当于如今 110 万个平均容量为 60 W·h 的笔记本电脑电池的能量。

截至 2018 年，根据美国直升机协会（AHS）统计，世界上有 70 多个 eVTOL 项目[12]，其中很多都是初创小公司，但大公司也陆续加入了进来。空中客车公司正在硅谷研发 Vahana 垂直起降飞机；波音公司最近收购了极光飞行科学公司（Aurora），该公司正在研发"雷击"垂直起降飞机，直到最近，该飞机还得到了美国国防部高级研究计划局（DARPA）的资助。2017 年，极光飞行科学公司测试了这架飞机的缩比试飞、自动飞行控制、全电动版本。该公司也在与优步公司合作，开发一款基于优步电动垂直起降运输网络的飞机[13]。许多小型飞机正在为城市空运市场开发，它们都是采用垂直起降飞机的设计。

有些分布式电推进飞机，如"百合"电动垂直起降飞机（见图 1.4），配备了可倾转的涵道风扇推进器；而其他垂直起降电动飞机配有两套推进器，一套升力推进器和一套向前运动的推进器。2018 年 3 月在新西兰展示的小鹰科拉（见图 1.5）就是这种设计的一个很好的例子。极光飞行科学公司开发的极光"雷击"分布式电推进飞机将是"百合"电动飞机的一个升级的版本。

图 1.4 "百合"电动垂直起降飞机原型机飞行测试

图 1.5 小鹰科拉电动垂直起降飞机

虽然该行业的许多方面尚未显示出经济可行性，但人们对该领域的热情仍然没有减退，并且有许多新加入的开发者。在技术成熟的航空工程师中有很多怀疑论者，主要是关于这些电推进飞机设计实用性的疑问。然而，很显然，电力推进技术将会继续存在并发展。随着技术的进步，这些系统将变得更加高效、紧凑和智能化，电动飞机将变得更加实用，我们将会看到像空中出租车服务这样的全新业务在城市地区的当地机场起飞。从长远来看，随着政府对清洁空气法规压力的不断加大，该系统在经济上也将变得更加可行，并可能在商业航空市场上取代传统推进形式的飞机。

1.6 未来趋势

要使电动飞机成为现实，就需要在飞机电储能技术，高效、高功率密度的电力电子设备，高功率密度的发电机和电动机，以及新型冷却和热管理策略等方面取得进展。研究人员甚至正在研究高温超导发电系统来进一步减轻电推进系统的质量。为了实现这一目标，所有的电动部件都需要经过详细的设计，以确保包括整个电推进系统在内的所有飞机系统都能够安全运载乘客。

无论新型电动飞机气动结构的设计多么具有颠覆性，解决飞机外形尺寸、质量和功率传输方式都是电动飞机研发中突出的技术挑战。比创新能力更重要的是提供航空业所需的成熟的制造加工的能力。在航空业中，安全性和可靠性是最重要的，而且适航认证的法规及流程非常严格。

投资一个全新的航空旅行模式必须具有一定的经济意义。很明显，未来的飞机将比现在的飞机更依赖电力能源，而且将会造成更小的环境影响。

1.7 本书章节安排

本书的结构是这样安排的，读者在第1章可以有一个大致的了解，即什么是电动飞机，以及电动飞机未来的技术挑战是什么。为了实现电动飞机设计目标，本书遵循从基础开始到逐渐深入的介绍方法。

第2章聚焦于电动飞机设计范例所遇到的利害关系和技术挑战，提出了电动飞机功率级别的数量级以及系统架构的功能故障引起的问题。其中一部分阐明了正在使用的技术。

第3～5章涵盖了飞机系统电气化的各个方面，并为未来的应用提供了关于最新的飞机和研究工作的细节。在简要介绍了多电发动机之后，第3章将重点放在了飞机发电和配电系统上，探讨了相关的技术发展。传统电力网络和架构向高压供电体制演变也得到了支持和论述。第4章接着介绍了飞机能源系统电气化趋势，并描述了如何用更高效的电气解决方案取代传统的气动系统，如环境控制和机翼防除冰保护。第4章还讨论了电作动技术，如电机电驱动和电力电子技术。至于第5章，其详细描述了从液压作动到电动驱动的转变过程，阐述了其技术利弊以及挑战，并且展示了存在于现役多电飞机中从飞控到制动的各种各样的电驱动系统。此外，本书的研究主题和范例也被提出。

第6章是针对电力推进系统的介绍。本章的解释性框图伴随着电力推进架构的详细描述和性能分析。本章分析了新型分布式推进系统及其优点。最重要的关键技术是电力推进技术，如电机、电机控制器、能源存储等，本章将其关键性能指标与技术时间发展路线相匹配，给出了目标应用实现程序的路线图。

第7章和第8章提供了使用电力和混合电推进架构的各种飞机应用的描述。从通用航空到宽体飞机，所有飞机类型的设计理论、飞机设计和演示都被全面考虑在内。在第7章中讨论了电推进飞机和飞机的电力滑行技术，而电推进技术的应用则在第8章进行介绍。

第9章讨论了与电动飞机的可维护性和操作性相关的问题，讨论涉及可维护性、地面、机场和飞行中的操作。本章还分享了一些对未来自主出行的开放性观点。

第10章总结了电动飞机在不同领域的性能和商业价值，详细地介绍了这些飞机的运营成本、燃油价格影响、质量影响以及通过减少燃油消耗而获得的经济效益，同时还提供了衡量它们的环保、低噪声的性能指标。

参 考 文 献

[1] Sinnett, M.,"787 No-Bleed Systems—Saving Fuel and Enhancing Operational Efficiencies,"AERO Magazine Q4, 2007, Boeing.

[2] Wikipedia Contributors, "Gaston Tissandier,"https://en.wikipedia.org/wiki/Gaston_Tissandier, retrieved January 2018.

[3] Tissandier, G.,"La Navigation Aérienne L'aviation Et La Direction Des Aérostats Dans Les Temps Anciens Et Modernes,"1886 (Translated by Pascal Thalin).

[4] Garrison, P.,"The Electric Airplane," Air & Space Magazine, August 2009.

[5] BBC News,"Solar Impulse Completes Historic Round-the-World Trip,"July 2016,http://www.bbc.com/news/science-environment-36890563, retrieved February 2018.

[6] Urs, M. and Vezzini, A.,"Electric Flight—History—State of the Art and First Applications,"Proceedings of the EVS28 International Electric Vehicle Symposium and Exhibition, South Korea, May 2015.

[7] Wikipedia Contributors,"Electric Aircraft," https://en.wikipedia.org/wiki/Electric_aircraft, retrieved February 2018.

[8] Hanlon, M.,"First Manned Fuel-Cell Flight,"New Atlas, April 2008, https://newatlas.com/first-manned-fuel-cell-plane-flight/9117/, retrieved March 2018.

[9] Ridden, P.,"Hydrogen Fuel Cell Four-Seater Passenger Plane Takes to the Air," New Atlas, September 2016, https://newatlas.com/hy4-hydrogen-fuel-cell-passenger-planetest-flight/45687/, retrieved March 2018.

[10] Rajamani, R., Electric Flight Technology: The Unfolding of a New Future, (Warrendale:SAE International, 2018), ISBN 978-0-7680-8469-6.

[11] Tovey, A. and Yeomans, J.,"French Pilot in Tiny One-Seater Beats Airbus to First

Electric Cross-Channel Flight," The Telegraph, July 2015, http://www.telegraph.co.uk/finance/newsbysector/industry/engineering/11729838/Airbus-E-Fan-2.0-set-torecreate-aviation-history-with-cross-Channel-flight-only-this-time-its-electric.html,retrieved November 2017.

[12] The Vertical Flight Technical Society,"The Electric VTOL News,"http://evtol.news/aircraft/, accessed May 9, 2018.

[13] Kucinski, W.,"Aurora Flight Sciences Partners with Uber in Contested Airspace," SAEArticle 15397, April 2017, http://articles.sae.org/15397/, retrieved February 2018.

[14] JN Passieux. http://jn.passieux.free.fr/html/MbE1.php, accessed May 9, 2018.

电动飞机技术基础

第 2 章

电动飞机设计范例

CHAPTER TWO

·电动飞机技术基础·

2.1　设计范围和技术收益

对于电动飞机的设计，飞机制造商必须考虑客户方（航空公司）的各种要求和期望，而从航空公司角度出发，则需要考虑乘客的飞行期望。

航空公司对成本效率和环境友好性的基本要求可以分为以下几类：

（1）燃油效率和续航表现（节省燃油等于更少的运营成本和空气污染）；

（2）降低运营和所有权成本；

（3）增强可靠性和可维护性；

（4）高效且可靠（缩短停机时间，提高乘客舒适度和运营收入）；

（5）更加环保（减少燃油消耗和降低碳排放）；

（6）减少噪声（乘客和外界可以感知）；

（7）可持续性的设计、制造和运营。

乘客对更好飞行体验的期待（见图2.1）如下：

图 2.1　以舒适和服务质量为中心的飞行体验

（1）舒适的机舱空调和压力水平；

（2）更好的座位安排与布局；

（3）机场和飞行中的噪声较小；

（4）机上服务（互联性、飞行娱乐设施）更完备。

2.2 电动飞机发展路线

电动飞机必须采用颠覆性的设计，从而实现更好的总体飞行性能，最主要的推动力体现在质量和燃油消耗上。在常规飞机中，推进系统以外的某些能源系统是利用由推进系统产生的液压或者气动功率保持运行的，这带来了整体效率上的缺陷。这些动力系统及其供能部件的电气化，可以减轻飞机整体质量并提高效率，从而减少燃油消耗。下面列出了当前可以实现的系统技术：

（1）空调；

（2）发动机起动；

（3）机身防除冰；

（4）作动器。

从功率角度来看，有必要比较一下传统飞机的气动和液压系统与对应的电动飞机版本的功率数量级。图 2.2 以"猎鹰 2000"为例展示了其不同功率水平。该飞机配备两个尾部安装的涡轮风扇发动机。

 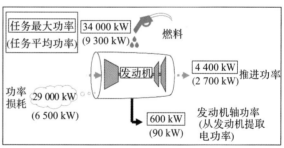

图 2.2　"猎鹰 2000"的功率水平

在飞机动力层面上，用于推进和系统运行的最大功率为发动机从燃料中提取的 5 000 kW 功率。这只是机上携带燃料的最大功率容量（34 000 kW）的一小部分（约 15%）。在一次典型的飞行任务中，这一比例会上升到 30% 左右，但仍远未达到全部燃料提供的功率容量。其背后的主要原因是：发动机设计的功率容量考虑了设计余量，以及在从燃料动力转换为用于飞机推进和其他系统的动力的过程中所产生的巨大能量损耗。换言之，发动机较低的效率也是造成当前情况的主要原因。因此，在产生必要的升力和推力以使飞机安全地在空中飞行的同时，提高发动机以及动力系统架构效率是在飞机层面减少燃料消耗的首要任务。

同样，在发动机层面，为非推进系统提供的最大功率相当于最大推进需求（4 400 kW）的14%（600 kW），而在飞行过程中平均只使用了3%（90 kW）的功率。如此巨大的差异还是因为最初考虑的设计余量和实际运行的损耗。这些功率损失一方面是由于气动和液压的功率抽取以及较低的发电效率，另一方面是因为系统整体运行效率较低。因此，这种低效率运行造成的功率损耗可能会使得发动机设计尺寸过大。此外，无论是气动系统、液压系统还是电力系统，发动机的功率峰值输出能力必须能够覆盖每个单独子系统的功率变化范围。

在飞机电气化设计范例中积累的方法给更优化的整体动力系统设计留有更多的余量，同时不影响整体系统性能。此外，由于电气系统相比于气动系统和液压系统，功率传输效率要高很多，因此可以避免发动机功率输出设计容量过大。综上所述，飞机推进系统的电气化有助于统一能源形式和优化设计余量，避免为了减少能量损耗而产生过多无用的设置。

继续以"猎鹰2000"商务喷气机为例。图2.3说明了上述分析，表明电气化有助于将发动机功率输出与系统实际使用的功率之比从7降低到2。

虽然将常规动力系统转换为电气系统的总体思路很好，但在另一方面，飞机上不断增长的电力需求需要提高机载电力的产生和分配能力，这又导致了需要更多和更大的功率转换和配电设备，例如电缆和保护装置等。电力终端系统（负载）的功率流动和控制需要通过电力电子变换器和电源来实现。因此，由于电力需求的增长和附加设备的增加，如果使用先进的技术进行大规模系统电气化改造，会导致系统质量迅速增加，这可能会影响电气化的其他优势。

为了减轻电气化过程中可能增加的质量所带来的损失，重新考虑电气系统的体系架构，开发更轻巧的机身结构和系统技术已成为当务之急。因此，有必要采用总体设计方法来防止质量问题降低电气化带来的效益。

其中，飞机电网向高压电网的过渡就是一种有效的方式。与此同时，相对于传统的固定频率供电网络，切换到可变频率供电网络也简化了总体设计。此外，新颖的电气系统架构与高功率密度解决方案相结合，为优化功率需求和电能利用率提供了广阔的空间。

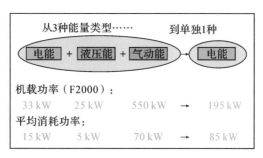

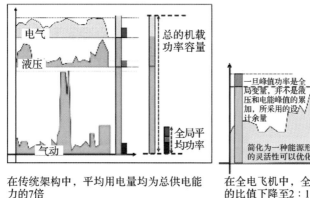

在传统架构中，平均用电量均为总供电能力的7倍

在全电飞机中，全机电源容量和平均功率的比值下降到2∶1

图2.3　发动机功率消耗的电气化优势

　　尽管在更轻的复合材料机体飞机中进行电气系统集成有一些特殊的限制，但是对较大飞机的总体重量优化可达到一个新的水平。以下面的飞机为例，展示向多电系统迈进的最新成果：

　　（1）空客 A380（最大的客机）（见图 2.4）。该机首次采用变频（VF）发电系统和基于固态功率控制的配电系统。

　　（2）波音 787 "梦幻客机"（宽体飞机）（见图 2.5）。

　　1）该机采用了创新的飞机动力系统架构，及可与复合材料机身兼容的变频交流和高压直流电网系统。

　　2）系统集成的电气化技术：电动空调环控系统、发动机和辅助动力装置（APU）

的电起动 / 制动、电防冰（防冰 / 除冰）、新型电池技术（锂离子电池）。

（3）空客 A350 XWB（宽体飞机）（见图 2.6）。

1）与复合机体兼容的变频高压交流电网。

2）辅助动力装置（APU）电气起动。

3）新型电池技术（锂离子电池）。

图 2.4　空客 A380

图 2.5　波音 787

　　　　　　　　　　　　　　　　　　　　　电动飞机技术基础

图 2.6 空客 A350

如图 2.7 所示，随着时间的流逝，飞机非推进动力系统中，电力开始逐渐取代效率低下的气动和液压动力，飞机的电力功率占比逐渐增大。这取决于电气化程度以及所考虑的飞机机型的大小和飞机的任务性质。

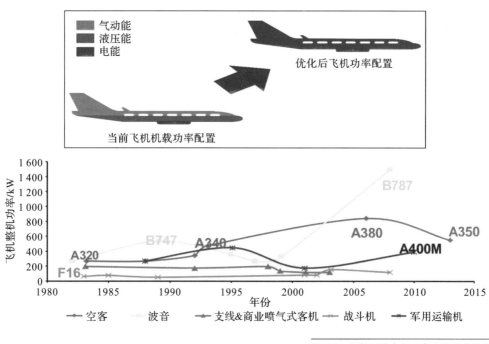

图 2.7　飞机系统电气功率容量需求发展

图 2.7 并没有考虑与混合动力和全电动推进相关的电力需求。这些内容将在第 6 章中讨论。

2.3　电气功率传输环节分解

飞机推进、非推进系统和复合机身的技术的同时突破，为电动飞机的成功做出了贡献。图2.8显示了电气功率传输路径的功能分解关系。为了清楚起见，显示了可以从其在电气化中受益的各种功能。

实际上，根据美国航空运输协会（ATA）制定的ATA100标准，所有飞机部件都有其对应的ATA章节和子章节。细分的ATA章节通常针对的是飞机制造商、供应商、航空公司以及维修、修理和大修（MRO）公司等各种航空从业者。因此，在图2.8中，对所有可以进行电气化改造的模块标注了其对应的ATA章节编号。

通常，常规飞机系统中空调、机身防冰、战斗控制、起落架和制动器都使用气动和液压能。图2.8说明，用电动系统代替这些常规的气动系统和液压系统，可以实现很多电气优化设计。

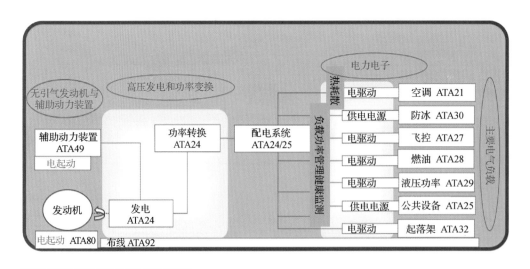

图2.8　电气功率传输路径的功能分解

空调是一个很好的应用例子。在常规飞机上，来自发动机的高压热空气被称为"引气"，经过转换用于确保空调和舱内加压。高温引气也是机体防冰的常规方法：只需通过排气孔将热空气吹到机翼和发动机进气口即可。

然而，在过去的几年中，随着"多电"飞机的发展，制造商已经转向"无引气"发动机技术，这些发动机仍使用喷气燃料来推进，但不提供热空气作为动力，而其产生的电力，可以用来为经过"电气化"的系统供电，包括空调和防冰系统。在这种"无引气"系统中，机翼直接内置了"电加热装置"用来加热机翼以使其避免结冰。

推进系统的电气化可以为电动飞机带来各种好处。在这种情况下，经历过针对于系统整体（例如反推力器）或专用于发动机操作（燃料泵）的电气化改造的发动机被称作"多电"发动机。

与汽车行业的发展相比，电储能替代品可以部分或全部替代飞机上携带的航空燃料，这将实现混合电力和全电推进解决方案。这种演变是一种根本性的技术转变，可以改善飞机的性能和环境碳排放足迹，并且可以改变在空中经常看到的飞机外形结构和气动形状。

2.4 技术风险

在电气化过程中，要考虑采用一些不同寻常的发电技术来满足飞机快速增长的电力容量需求，同时将质量带来的影响降到最低。因此，并不是简单地按比例放大原有技术方案，而是要将研发关注点放到以下颠覆性的概念和技术上：

（1）高压交流电源系统：带有发动机起动能力的高速变频起动发电机（VFSG）。

（2）带有发动机起动功能的高压直流电源系统，来源于下列方法：

1）连接到上述高压交流电源的功率变换器；

2）带有高压直流输出的新型发电机拓扑结构。

这些起动发电机通常是独立运行的，并连接到一次动力系统的附属齿轮箱中。变速齿轮箱确保了旋转发动机核心机与所有系统如发电机或者液压泵相关动力源之间的机械耦合关系。除去传统的独立运行安装之外，无论何时需要高度集成化的安装方式，都取决于飞机平台要求，上面提到的动力源应该能够安装嵌入推进系统或者辅助电源系统中。

当仅使用变压器和二极管整流器时，用于高压直流发电系统的功率变换器应该是"无源"的。当使用基于半导体的功率开关器件（称作"电力电子"），要求控制其运行时，这些变换器是"有源"的。

考虑到供电负载的不同功率容量和电压等级，需要专用的功率变换器确保机上的"功率转换"功能，这又一次可以称为"有源"或"无源"技术。

电能从电源到负载的分配可以通过包含经过优化的线缆和功率配电盘箱的电气网络来得到保障，这要求以下一些技术基础：

（1）高压电缆技术（在高空防止发生"局部放电"现象等）；

（2）电缆故障检测和诊断技术（电弧和接地故障、短路／开路等）；

（3）基于半导体技术的固态功率控制器，用于负载的功率分配和保护；

（4）用于增强功率可用性的负载和功率管理功能。

取决于电气系统架构，功率配电盘箱既可以是集中式的，安装在飞机的某一部位，也可以是分布式的，安装在飞机的各个地方，甚至是非可控环境区域。

在飞机电气传输链路的"负载"端，电气部件可以系统地归纳为电动机类负载（主要用于电作动系统）和电阻类负载（主要用于加热系统）。下面列出一些电动飞机需要的电机技术：

（1）交、直流无刷容错电机；

（2）高速、高功率可逆运行电机；

（3）轻质、低损耗合金材料（纳米复合和高弹性极限钢材）。

另外，图 2.8 还给出了通过电机驱动器和电源与功率配电装置接口的用电负载。

电机需要变速驱动器，以便按其各自飞机功能的要求运行。与电源类似，这些驱动器包括电源开关电路和控制器，其通常被认定为"电力电子"或电力变换器。

如上所述，系统全面电气化导致了机上规模化发电需求和不同电压等级。首先，电功率自上而下地流动到终端系统意味着要通过按比例扩大配电能力来分配电力。其次，在到达电机和电阻等远程用电终端之前，在电功率传输链中，最后一阶段的电力传输只有通过每个用电设备系统接口上的电力电子设备（或电源）才有可能得到最终实现。

用于电力转换、电机驱动、电动飞机电源的电力电子技术领域的挑战如下：

（1）容错、高可靠性、高可用性；

（2）高功率密度；

（3）效率高、耐高温；

（4）优化冷却和热管理；

（5）安装在非常规区域（例如非加压区域、爆炸性环境）；

（6）可维护性。

现在，让我们关注电力电子技术。毫无疑问，如果每个系统都使用自己的电力电子设备（从飞机制造商的角度来看这是不明智的），那么整个系统的重量就无法得到优化，特别是当它们在飞机飞行过程中短暂使用时。可以很容易理解的是，系统瞬态运行导致燃料损失的原因是飞机运载平台的死重。电力电子的集成模块化设计方法可能是正确的解决方案。

在这种方法中，电力电子变换器设计成可机架安装的通用模块，在原理上类似于已经在航空电子领域服役的机载电子设备模块。给定的功率变换模块可以灵活配置为解决飞机上需要电力电子转换的任何一种功能，即电源变换、电机驱动或电源供应。在飞机运行期间，该模块还可以根据需要重新配置，并从一个系统切换到另一个系统，从而减少专用电力电子设备瞬态运行固有的停机时间和自重。

由于内置冗余，系统功能可用性也得到了提高。事实上，在模块发生故障时，可以简单地通过关闭故障模块并打开另一个可用模块来实现架构的重新配置，这一过程是自动的。此外，模块化设计允许电源的可扩展性，多个模块可以并行运行，以增加最终提供的功率，满足一些大型飞机电气系统的要求。

因此，模块化方法不仅是不可避免的，而且是必需的减重措施。这一概念的演示（见图 2.9）是在"清洁天空"项目框架下进行的，这是一个主要的欧洲合作研究的多电飞机（More Electric Aircraft, MEA）项目。在飞机上，这样的电力中心将位于电源和配电系统、负载之间。如上所述，它包含了电源整流器、从电源产生的高压直流（High Voltage Direct Current, HVDC）母线，以及下游负载调用的多个电力电子变换器模块。

对飞机功能的实时监

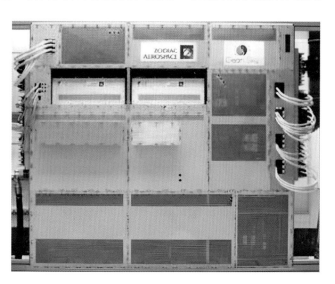

图 2.9　短程多电飞机电功率分配中心

视和分析有助于促进整体性能，提高其可用性和可维护性。这可能是由于采用了故障诊断和健康监测技术而带来的预测能力。一方面，在出现异常情况时，"诊断"功能可以找出故障原因，以便及时采取纠正措施，确保系统继续运行。另一方面，对于一个给定的被监视系统，"预测"特征涉及感知选定的状态参数，并将它们与存储在内存中的系统生命周期模型输出的值进行比较。因此，可以通过这种方式预测系统部件的潜在故障，从而预先规划适当的维修任务，避免中断飞行业务。

电推进技术的出现与航空燃料的储能替代品的性能提升息息相关。即使是向混合电推进技术的转变，也在很大程度上依赖于电池的供电能力，以在未来几年实现比能量密度的重大增长。

2.5 结 论

综上所述，混合动力和电推进技术存在两大技术挑战：

（1）高比能量密度电池。

（2）处理高电压和高功率密度的电机技术。

电推进技术也可能颠覆传统的固定翼飞机设计，并带来一系列新机遇。其大大提高了飞机的效率和安全性，以及促进了更紧密的飞机推进 - 机体设计一体化。这也包括将其中多个电推进装置分布在整个机翼上的分布式电推进技术。

电动飞机技术是一种提高飞机性能和经济性设计方式的革新技术。借助新颖的架构和优化后的重量，电动飞机可以提高效率，同时降低飞行成本和环境足迹，为飞机制造商和航空公司带来巨大的经济附加收益。

参 考 文 献

[1] https://sunjet-project.eu/sites/default/files/Thales AES - Thalin.pdf, accessed April 29, 2018.

[2] https://fr.wikipedia.org/wiki/Dassault_Falcon_2000, accessed November 10, 2017.

[3] Stoufflet, B.,"Towards an All Electrical Falcon," Dassault Aviation, The More

Electrical Aircraft—Achievements and Perspective for the Future—ICAS Workshop, Cape Town,South Africa, September 2, 2013, http://www.icas.org/media/pdf/ Workshops/2013/Towards All Electrical Aircraft Stoufflet.pdf, accessed July 12, 2017.

[4]　Skyline Magazine Issue 15—Show time Demonstrators in the Sky, March 2015, http://www.cleansky.eu/sites/default/files/inline-files/skyline15_march_2015.pdf, accessed April 29, 2018.

第 3 章

飞机系统电气化　第一部分

——发电、配电、电气系统及架构

CHAPTER THREE

·电动飞机技术基础·

3.1 传统飞机和发动机系统

传统的飞机和发动机可以通过各种专门用于运行工作的系统（飞机系统和发动机系统）来实现它们的功能。为了给这些系统提供能量，飞行过程中的飞机必须自主地满足自己的能量需求。传统飞机可以从飞机上的燃料中获取能量。除了产生推力这一主要功能外，发动机还要完成从燃料到飞机系统的能量转换功能。电储能装置通常作为系统运行的备用电源，在小型发动机和辅助动力装置（APU）的起动过程中被调用。APU 是辅助动力装置，提供引气和电力。尽管辅助动力装置仅能够满足一定的用电能源需求，但它们通常从适航认证的角度被认为是"非重要的"，其正常使用仅限于地面和低空作业。

首先，让我们思考一下传统大型商用飞机是如何并且以何种形式从发动机中提取系统运行所需的能量的 [1-2]。如图 3.1 所示，需要 4 种能源为飞机中的所有系统供能。在传统发动机中，二次能源（SP）是分布在发动机周围的能源。使用这种能源的飞机系统称为二次能源系统（SPS），二次能源系统不用于推进（主动力）。二次能源（SP）通过以下 4 种形式分布在大多数飞机上：

（1）电气子系统（航空电子设备、

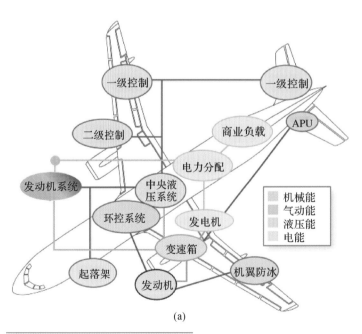

(a)

图 3.1 传统大型商用飞机能源与系统 [1-2]

电动飞机技术基础

灯光、仪表、娱乐等）；

（2）液压子系统（主系统、辅助飞行控制、起落架刹车、驾驶油门杆、舱门控制等）；

（3）引气或气动子系统 [环境控制系统（ECS）、客舱增压发动机罩和机翼结冰保护、发动机起动等]；

（4）机械子系统（发动机系统：燃油泵、油泵等）。

(b)

续图 3.1 传统大型商用飞机能源与系统 [1-2]

对于一架双发远程飞机，图 3.2 显示了推力系统和二次能源系统之间的关系，如典型的发动机功率分配情况、它们的功能以及用于驱动它们的能量类型 [3-4]。

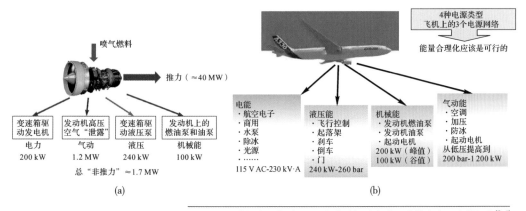

图 3.2 双发远程飞机（A330）发动机功率分配（推力和二次能源）[3-4]

过去和现在的涡轮风扇发动机都能够通过发动机附件齿轮箱（AGB）驱动的发电机和液压泵提供电力和液压动力。如图 3.3（a）所示，轴功率从发动机高压（High

Pressure, HP）轴中提取出来，用于驱动变速箱。除了发动机的燃油泵和油泵外，二次能源系统组件也安装在变速箱上 [见图 3.3（b）]。机械扭矩从发动机 HP 轴传递到 AGB 中，因此，AGB 使附件连接到发动机 HP 轴。由于起动发电机的存在，所以允许以这种方式（或者用电能）来起动发动机。除了变速箱外，还要从发动机的压缩机中提取加热过的加压空气来提供气动动力。然而，二次能源系统的这种提取和分配手段也存在弊端，在降低最大推力能力的基础上，它通过增加以下因素影响发动机的设计和性能指标：

（1）复杂性和质量；

（2）维护和运行成本；

（3）飞机阻力（外形阻力和诱导阻力）；

（4）涡轮入口温度（Turbine Entry Temperature, TET）；

（5）燃油消耗率（Specific Fuel Consumption, SFC）。

因为从发动机中排出空气的效率很低，所以大量的动力被浪费了。由于从压气机中抽取出气体需要增加燃料的流量，故温度会升高。如果要利用发动机轴所发出的功率，那么涡轮机必须在给定速度时提供额外的功率，这可以通过增加涡轮入口温度（TET）来实现。

为了适应飞机起飞和单发故障不工作的场景，双发飞机的发动机设计容易过设计。在巡航过程中，发动机运行在一个效率明显较低的功率设置下，因此，以轴功率和引气的形式提取的功率占更大的比例。轴功率和引气的减少可以降低发动机的总油耗。

在飞机的总体设计优化中，采用全电动技术的目标是降低飞机的质量，并减少燃油负荷、所需推力、最大起飞重量等。减小飞机的最大起飞重量会减小机翼面积，从而减小翼展、增大展弦比，进而提高飞机的气动效率。减小推力要求和涡轮入口温度（TET）可以降低飞机速度和噪声，以及氮氧化合物（NO_x）的排放。降低燃油消耗率（SFC）、飞机质量和空气动力效率会降低燃料消耗，从而减少二氧化碳的排放。但是如今，多电飞机（MEA）趋向于更重而不是更轻，这样至少可以更少地使用引气结构。

因此，全面的飞机系统电气化离我们仍然很遥远，因为系统设计和技术实现都面临着巨大的技术挑战。

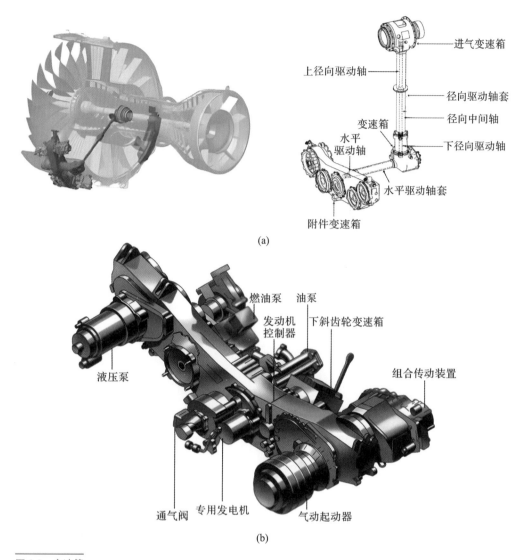

图3.3 变速箱

（a）变速箱的位置和结构；（b）二次能源系统部件在齿轮变速箱上的位置 [7]

3.2 多电发动机系统

在多电发动机（MEE）系统 [8] 中，大多数发动机系统采用电力驱动。MEE 采用电机来控制发动机的运行，例如燃油泵、油泵和发动机通常使用机械手段进行驱动，而现在可以使用电驱动来实现电动操作。MEE 和 MEA 对发动机都有显著但不同的影响，但是 MEA 必须使用 MEE 为其供电的想法是不对的。

在 MEE 上，可以直接 / 间接实现飞机系统电气化的组件 / 功能如下：

（1）可变定子叶片（VSV）；

（2）可变放气阀（VBV）；

（3）瞬动放气阀（TBV）；

（4）燃油泵；

（5）油泵和进气系统；

（6）主动间隙控制；

（7）桨距变化；

（8）推力反向器制动；

（9）面积可变燃油喷嘴制动；

（10）机翼吊舱防冰；

（11）发动机起动系统；

（12）发动机进气系统。

MEE 不应与电动机或电推进系统混淆，后者指的是由推力系统实现电气化的功能。虽然将空客 A380、波音 787 和 A350 XWB 视为 MEA（多电飞机），但它们未配备 MEE（多电发动机系统）。正在进行的研究计划中考虑使发动机控制实现电气化的功能，但是，这些功能的实现所带来的相关的优点和缺点仍在探究中。因此，当前没有正在实际运行的 MEE。与在 MEE 中执行的发动机控制电气化不同，即使没有将其归类为多电飞机技术，在传统飞机系统设计基础上，以下与发动机吊舱（或整流罩）相关的飞机系统或许可以实现电气化：

（1）推力反向器制动（例如短距离 COMAC C919 飞机）；

（2）飞机吊舱防冰。

3.3 多电飞机

在多电飞机（MEA）中，供电系统会对一定数量的二次能源（照明）系统进行供电，从而摆脱常规能源的限制，但是，在一定程度上，也可以保留当前形式的液压、机械或气动能量的提取。引气可以与专用或局部液压系统一起引入，液压负载可以一定程度的保留，而其他的负载需要电气化。在液压发电方面，与传统系统相比，某些液压泵可能是电力驱动的 [电动泵（EMP）]，而传统系统主要利用由发动机附件齿轮箱（AGB）输出的发动机机械能驱动的泵 [发动机传动泵（EDP）]。这适用于最近的 MEA 远程飞机计划，例如空客 A380、A350 XWB 和波音 787。

在 MEA 中，如果所有的系统都需要电气化，只有一种形式的能源（电能）可以通过大型发电机从发动机中为飞机和发动机系统提供动力。然而，在这种情况下，与具有较大发动机的远程 MEA 相比，尽管通过拆除排气部件确保了系统的简化，但是具有较小离地间隙的小型短程 MEA 发动机显然可能会遇到与强大的大型起动发电机的集成问题。相关研究工作已经有了多种选择方案，例如：将此类电机集成到允许 AGB 拆卸的发动机核心机中，或将它们机械地集成到 AGB 中，从而避免由于将其安装在 AGB 上而产生的发动机吊舱结构凸起的问题。

与图 3.2 所示的传统配置的发动机功率故障相比，在全电系统中，远程 MEA 的电力消耗比例上升到了一个更高的水平（见图 3.4）[9]。可以看出，在这样一架飞机上，4 种传统能源都被电能单独替代，从而由于电能带来的效率提高降低了总体电力需求。与传统的二次能源系统相比，采用单一形式的二次能源系统和采用全电或多电技术具有许多明显的优势：

（1）可以提高飞机系统的利用率，采用更高效的动力装置；

（2）可以减小发动机核心尺寸，提高发动机旁路比、总压比和涡

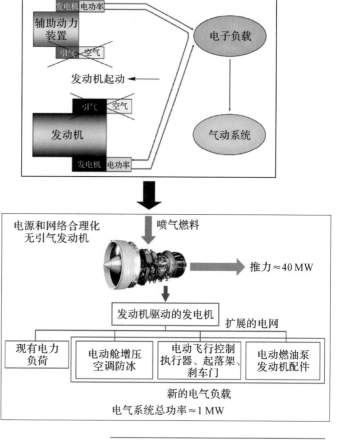

图 3.4　无引气发动机——双发远程全电飞机[4,9]

轮进口温度，从而改善发动机性能，提高飞机的效率。

因此，移除发动机和辅助动力装置（APU）上笨重的排气系统，可以实现全尺寸系统电气化的功率优化。在没有引气的情况下，不再使用双电源自动切换开关（ATS）实现发动机起动，起动扭矩由安装在发动机上的起动发电机提供，该发电机在电机模式下运行，从 APU 获取电力。

大型的无引气发动机使得波音 787 更加电气化（自 2011 年起投入使用），图 3.5 提供了常规飞机和远程多电飞机的电力水平对比 [9-10]。波音 787 显示的数值包括全电化 APU 产生的 450 kW 电力。同时，波音 787 系统的电气化程度也被描绘出来了（见图 3.5）

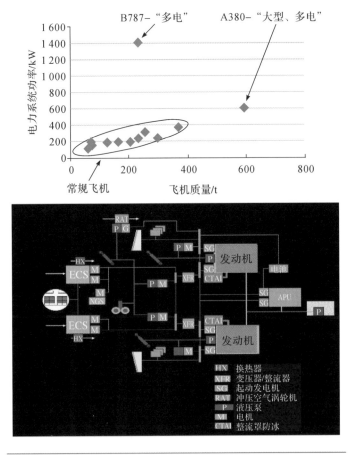

图 3.5　电源系统（常规飞机与多电飞机）[9] 和波音 787 系统电气化情况 [10]

波音787的无引气发动机由安装在AGB上强有力的起动发电机进行电起动，然后再转换为主电源。像在传统飞机上一样，冲压空气涡轮机（RAT）是在紧急情况下运行的风力涡轮机，其对液压回路加压，液压回路又通过发电机发电。实际上，波音787使用的混合动力RAT既包括液压泵，又包括发电机系统。

尽管使用电动泵（EMP）可以部分实现液压发电，但起落架和飞行控制负载仍保持液压驱动状态，同时，一些飞行控制的执行作动器已经电气化。尽管波音787不是全电飞机，但它的特点是动力系统的广泛电气化。先前气动系统的大负载 [例如环境控制系统（ECS）和机翼防冰保护] 是完全电气化的，而较小的负载（例如发动机罩防冰保护）一直保持气动状态。

小型飞机（例如直升机和公务机）通常没有交流（AC）供配电网络，其低压直流（DC）供配电功率直接由安装在发动机上的DC起动发电机产生，用以确保发动机起动。但是，即使在常规的中型到大型飞机上，由于飞机尺寸的原因，通常也会遇到线缆距离较长的问题，电缆质量是飞机总质量的主要因素。线缆质量占比惊人得高，例如，在空客380上安装的292 mile长的电缆重达6 t。因此，对于给定的额定功率，使电缆中流动的电流最小化，从而可以安装较小规格线径的导线，大幅减轻其质量。这样，只需提升电源电压等级即可降低电流，这就是在中型到大型常规飞机上可以找到115 V交流电力网络，而在小型飞机上可以找到28 V直流电力网络的原因。当其在交流网络上工作时，通常借助电力电子变换设备，为交流负载提供所需的电能。按照这种方法，在最近的大型多电飞机上，交流电压等级被提升得更高，例如A350和波音787上的230 V交流电力网络。

在发电系统方面，传统飞机，如：空客A320、A330、A340，波音747、777和Embraer E-Jets使用安装在发动机AGB上的组合驱动发电机（IDG），可为115 V交流母线提供电能。如图3.6[11]所示。IDG包括一个恒速驱动装置（CSD），用于驱动同一安装机匣内的交流发电机。为了在恒定的交流频率（通常为400 Hz的三相115 V交流电压）下产生适当的电压，发电机需要以恒定的特定转速旋转（风冷发电机通常为6 000 r/min，油冷发电机通常为24 000 r/min）。由于喷气发动机的AGB速度从空转到满功率变化，因此需要CSD。CSD采用AGB的变速输出，并通过液压 – 机械装置产生恒速输出，用于驱动交流发电机。

因此，IDG 输出恒定频率（400 Hz）的交流电压，该电压被提供给机载配电中心，负责将电能分配给各种用电负载。IDG 由发动机控制单元（GCU）进行电气控制。如果发生 IDG 过热或机油流失的情况，飞行员可以激活 IDG 内的机械断开装置，从而使其与 AGB 断开机械连接（见图 3.6）[12]。

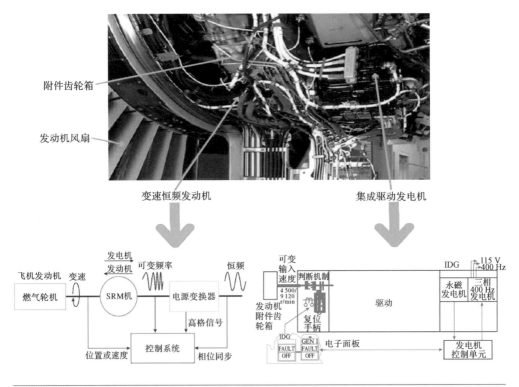

图 3.6 安装在通用 GE90 电动发动机（波音 777）上的基于 VSCF[2] 和 IDG 的恒频发电原理图 [12]+ 发电机 [13]

IDG 的 CSD 要求在复杂的集成设置中使用高精度部件，然而只有依靠先进设计技术和制造工艺才能实现。因此，这些苛刻的功能只能从带有专利技术支持的单一来源获得，而这些专利保护可为大多数传统喷气式飞机（包括其改型飞机）提供技术支撑。

IDG 仍然是最常用的固定频率交流发电机。然而，在更低的成本、更高的可靠性、更容易的维护手段以及更高的运行速度和温度的新要求下的运行经验表明，使用包含功率电子器件的静止功率变换器来替代恒速驱动装置（CSD）具有明显的优势 [2]，由此产生的系统称为变速恒频（VSCF）系统，其典型框图如图 3.7 所示。在发电模

电动飞机技术基础

式下，发动机 AGB 驱动发电机，以可变频率提供电能，并通过电源变换器将其转换为恒定频率。波音 777 便使用此类 VSCF 发电机来提供备用电源。

为了在新型飞机上实现质量和成本效益的运营模式，更可靠的发电解决方案提供了从多个供应商处进行采购的可能性。因此，最近的飞机设计选择了考虑飞机用电负载的变频电源，其完全降低了恒速驱动装置（CSD）集成的复杂性，从而实现了更好的可维护性、更紧凑的发动机安装以及更好的成本控制。在使用 A380 上的大型变频发电机（VFG）时，其代价是需要为许多负载增加功率电子变换设备，这标志着从固定频率到变频（VF）交流发电的范例转变。这种趋势现在已成为大型商用低碳排放飞机开发的主流（见图 3.7），最近的计划包括 A350、波音 787、C 系列、C919 和俄罗斯的 MC-21。

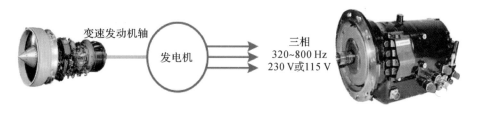

图 3.7　变频发电原理[3]+150 kV·A/115 V AC A380 VFG[14]

这为集成多个功能开辟了新途径，例如在同一装置机箱内集成了发动机起动功能和变频（VF）发电功能。这就催生了被称为变频起动发电机（VFSG）的交流起动发电机，并在波音 787 上得到了实现，如图 3.8 所示。

图 3.8　250 kV·A/230 V AC 变频起动发电机（VFSG）[15]+ 安装在波音 787 无引气发动机内[16]

飞机电气化程度的逐渐提高还可以通过在给定飞机的动力架构中发现的电路数量与液压管路数量的对比来表征。电路数量的增加表明飞机电气化程度的提升。

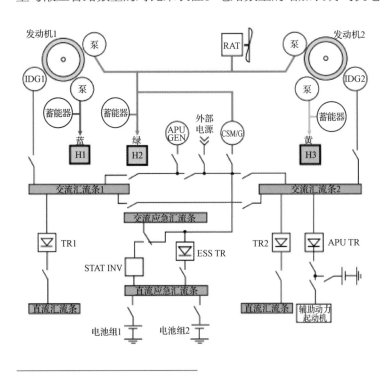

传统飞机通常由 3 个液压回路组成，以确保在一个被称为 "3H" 的结构中驱动液压功率源。图 3.9[17] 显示了基于空客 A330 的传统双发飞机的典型 3H 架构，包括 3 个液压回路以及交、直流电气网络。

图 3.9 传统双发飞机典型的 3H 架构[17]

传统短程和远程飞机的电网通常有一个由组合驱动发电机（IDG）供电的一次固定频率交流网络和另一个供电网络，即通过变压整流器单元（TRU）从一次交流网络衍生出来，提供低压直流电。例如，在空客 A330 飞机上，交流功率约为 300 kV·A。蓄电池用于飞机起动上电，并在紧急情况下发挥作用。CSM/G 是一种恒速起动发电机，它向来自液压系统的交流母线提供应急电力。根据故障情况，此液压动力来自发动机驱动的泵或 RAT（在紧急情况下部署的冲压空气涡轮机）。事实上，在极为罕见的发动机总功率损失（TEFO，或发动机完全熄火）的情况下，RAT 会进入高空气流中，并为驾驶舱和飞行控制装置提供应急动力，以安全降落飞机。CSM/G 的功率范围可以从几千伏安到大约 10 kV·A。

APU（辅助动力装置）实际上是一个产生气动动力并以固定频率（400 Hz）输出驱动交流发电机的涡轮轴发动机。它通常用于地面并产生气动功率，用以起动发动机并确保机舱空调正常运行。通常，APU 发电机的额定功率与 IDG 大致相同。

与通常的看法相反，它不是紧急动力源，以至于可以在 APU 不工作的情况下调度飞机飞行。它并非设计用于高海拔下起动，而且随着海拔的升高，APU 电源可用性越来越受到限制。

现在让我们考虑一个双发 MEA（多电飞机）的"2H-2E"架构（见图 3.10），该架构仅包括两个液压回路以及 AC 和 DC 电气网络，实际上，第 3 个液压回路通常由发动机提供动力，此处将原有飞机上的液压驱动泵替换为电动机，并考虑了以下电气化和新技术转换 [17]：

（1）由电力驱动的飞行控制作动（占飞行控制的 30%）；

（2）使用电气 RAT（冲压空气涡轮机）应急发电系统；

（3）AC 网络的 VF 发电；

（4）代替传统机械断路器（CBs）的固态功率控制器（SSPC）。

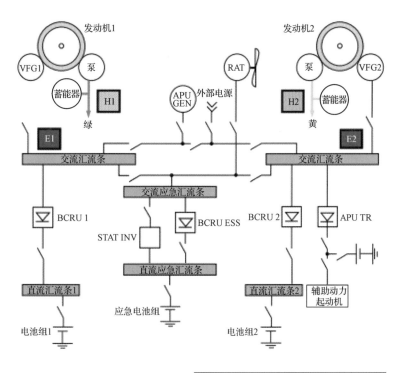

图 3.10 双发 MEA 的 2H-2E 体系结构 [17]

这种 2H-2E 类型的体系结构已在空客 A380 上扩大规模，并应用于 A350 XWB 中。此外，后一种飞机的 AC 电网电压为 230 V，是传统飞机和 A380 交流额定电压的两倍。交流供电网络可支持功率需求大的电气负载，直流配电网络可支持较小的用电负载，且直流电网络又可从交流电网络中获取功率。

空客 A380 上的 DC 供电网络具有不间断电源传输（NBPT）功能，由于电池已连接到 DC 汇流条，因此可确保不间断 DC 电源。传统确保交流到直流网络转换的变压整流器单元（TRU）被替换为电池充电器整流器单元（BCRU），后者为直流电网络供电，同时还管理电池充电。

图 3.11 显示了空客 A380 上的交流电力网络，还显示了飞机上的变频发电机（VFG）、APU 发电机，以及其功率控制单元（GGPCU）、DC 网络组件、RAT 应急发电机的位置。

飞机电源、配电网络和负载之间的互连是通过安装在飞机上的配电电源中心实现的。它们集成了交流和直流接触器、电缆、汇流条、电路保护装置（例如防止短路）和控制电子设备等装置。主配电中心（PEPDC）与电源系统、大功率用电负载和固态功率（SP）配电单元进行接口。电网管理（ENM）、电气负载管理（ELM）和断路器监控（CBM）应用程序是配电范围的一部分。在

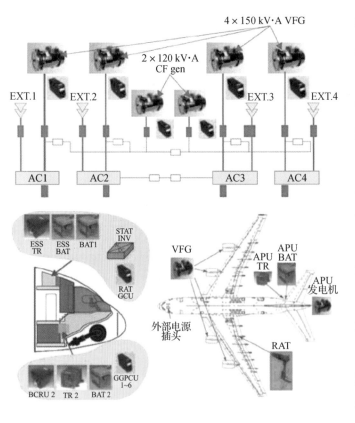

图 3.11　交直流供电网络部件以及其在空客 A380 上的位置[12]

空客 A380 上，ELM 和 CBM 功能是集成在 IMA（集成模块化航空电子设备）模块上的，而不像以前设置在独立计算机上。

在常规飞机中，机电断路器是电气系统保护的支柱。通过与电源接触器的组合，它们可以是带有按钮的手动命令断路器，也可以是远程控制（RCCB）的。具有更好的可配置性和控制功能的 SSPC 在空客 A380 上首次亮相，额定电流不超过 15 A。此后，由于技术的进步，无论飞机的尺寸和类型如何，SSPC 都是设计配电系统时必须考虑的关键保护设备。当向 AC 和 DC 负载分配电功率时，SSPC 可确保保护 /切换功能。它们的灵活性允许简化负载重新配置功能，以及用户友好的状态显示、监测和复位。包含 SSPC 的电路板体积较小，其与直接插入电源管理中心的模块化电路板实现较高的芯片集成度（见图 3.12）。

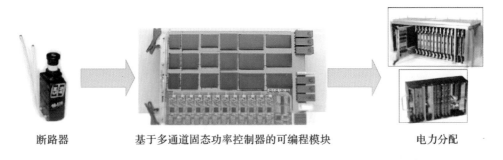

断路器　　　　基于多通道固态功率控制器的可编程模块　　　　电力分配

图 3.12　传统机电断路器已被 SSPC 所代替[18-21]

空客 A380 配电组件及其安装位置如图 3.13 所示。SSPC 部署在由二次配电中心（SEPDC）和二次配电箱（SPDB）组成的二次配电系统中，负责机舱和货仓用电设备。

机载 A350 上的电源类型有以下几种（见图 3.14）[23]：

（1）4 台主 VF 230 V AC 100 kV·A 发电机（每台发动机两台）；

（2）1 台 400 Hz 230 V AC 150 kV·A 的 APU 起动发电机；

（3）1 台由 RAT 紧急驱动的 50 kV·A 的 AC 发电机。

同样，基于 2H-2E 架构，A350 具有以下两种电网络[24]：

（1）230 V 和 115 V 交流电网络；

（2）28 V 直流电网络。

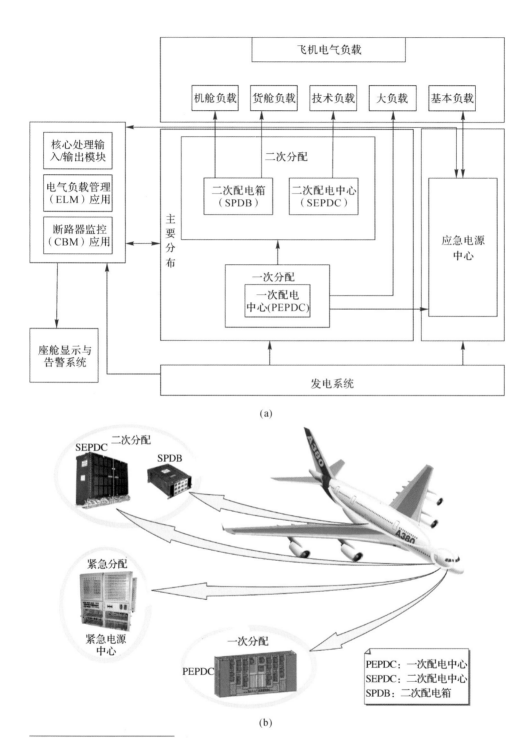

(a)

(b)

图 3.13 配电组件及其安装位置

（a）飞机配电系统架构框图；（b）配电装置在空客 A380 上的位置[22]

电动飞机技术基础

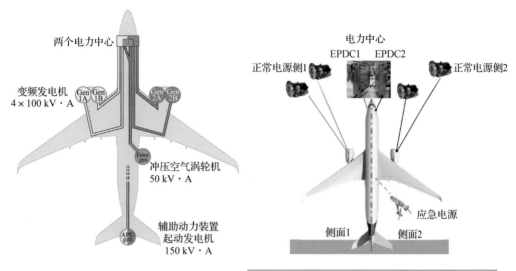

图 3.14　空客 A350 上的配电中心和交流电源系统[24-25]

　　每个供电网络都有正常和紧急配电。两个配电中心（EPDC）管理正常和紧急操作的配电功能。然后，自耦变压器单元（ATU）将 230 V 交流电压转换为 115 V 交流电压，从而为 115 V 交流供电网络供电。在飞机地面运行期间，当机载发电机和 APU 不工作时，ATU 有助于将来自地面电源供电单元（GPU）的 115 V 交流电压转换为 230 V 的高压交流电压。

　　辅助动力装置（APU）驱动辅助交流起动发电机。飞机在地面上时，APU 可以为整个电网供电，以实现飞机地面正常运行。在飞行中，如果一台或多台主发电机发生故障，那么 APU 发电机可以接替发生故障的主发电机工作。在地面上，可以通过两个外部电源连接器将两个 GPU 连接到飞机上。GPU 提供 115 V 和 90 kV·A 的正常功率。

　　230 V 交流供电系统通过 4 个变压整流器单元（TRU）为 28 V 低压直流网络供电。作为冗余系统的一部分，4 个相同的锂离子蓄电池已连接到 28 V 直流网络，以便：

　　（1）确保不间断电源传输（NBPT）功能；

　　（2）提供备用直流电源；

　　（3）若没有交流电源，则在地面上提供直流电源；

　　（4）4 个电池中的两个可以在应急状态电气配置中提供临时电源。

电网通过以下供配电网络为飞机系统提供 3 种电压:

（1）230 V 交流网络（正常和紧急情况）：大型用电设备（例如风扇、压缩机、泵）。

（2）115 V 交流网络（正常和紧急情况）：厨房设备等商业负载。

（3）28 V 直流网络（正常和紧急情况）：直流负载、机载电子设备。

如参考文献 [10] 中所述，在波音 787 上，引气系统仅用于防止发动机整流罩结冰和为液压油箱加压。电气化功能包括机翼除冰保护、发动机起动、驱动大容量液压泵以及为机舱环境控制系统（ECS）供电（包括机舱增压）。变频发电机（VFG）在初始"电动机"模式下执行发动机起动，然后恢复到"发电"模式，用于发动机起动的电动机控制器被转移到 ECS。在这里有两个例子，说明如何在设备侧和控制侧能够实现拥有两个不同的功能，前提是它们不是并行运行而是按顺序运行。

在飞机无引气结构中，电动压缩机提供机舱增压功能，新鲜空气通过专用机舱进气口进入机舱。这种方法比传统的排放系统效率更高，因为它避免了预冷器（PCE）和调节阀从发动机中过度提取能量以及相关的能量浪费，无须调节所供应的压缩空气，而是由可调速电动压缩机以所需的压力产生压缩空气，不会浪费大量能量。这使得发动机燃油消耗得到显著改善。

波音 787 使用的电气系统是由以下类型的电压组成的混合电压系统：235 V 交流电压、115 V 交流电压、28 V 直流电压和 ±270 V 直流电压。传统的是 115 V 交流电压和 28 V 直流电压类型，而 235 V 交流电压和 ±270 V 直流电压类型是无引气电气系统架构设计的结果，该电气系统结构使得电气系统发电容量得到很大扩展，其发电量是以前的波音飞机型号的两倍。该系统包括 6 台发电机，每台发动机对应两台发电机，每台辅助动力装置（APU）对应两台发电机，在 235 V 交流电压下运行，以减轻发电机馈线的质量。该系统还包括地面电源插座，无须使用 APU 即可在地面上维修飞机。

发电机直接连接到发动机变速箱，因此以与发动机转速成比例的可变频率（360 ～ 800 Hz）运行。

飞机电气系统具有两个电气 / 电子（E/E）设备舱（一个在飞机前部，另一个在尾部），以及多个用于支持飞机电气设备运行的远程配电单元（RPDU）。该系统通过减小馈线的尺寸来减轻质量。后部 E/E 设备舱提供了数量有限的 235 V 交流电气设备，而前部 E/E 设备舱和 RPDU 支持大多数 115 V（交流）或 28 V（直流）的飞机电气设备，如图 3.15 所示。RPDU 主要基于固态功率控制器（SSPC）模块实现配电控制。±270 V 直流系统由 4 个自耦变压整流器单元（ATRU）提供，这些功率变换单元将 235 V 交流电源转换为 ±270 V 高压直流电源。±270 V 高压直流系统支持无引气供电架构所需的少量大功率可调速电动机，其中包括机舱增压压缩机电动机、冲压空气风扇电动机，以及用于航空燃油油箱惰化的氮气发生系统压缩机和大型液压泵电动机。

如图 3.15 所示，该飞机系统具有两个安装在机体前部的 115 V 交流外部电源插座，可在不使用辅助动力装置（APU）的情况下在地面上为飞机提供用电服务；还具有两个机身尾部的 115 V 交流外部电源插座，用于需要运行大型可调速电动机的维护工作。

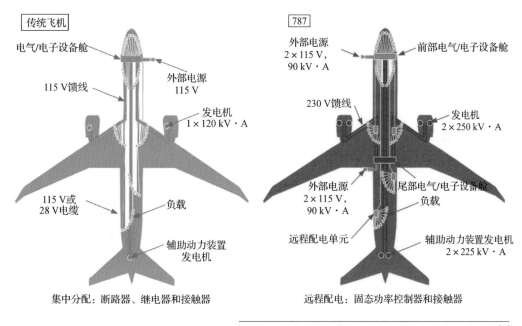

图 3.15　波音 787 远程配电（与传统的集中式配电相比）[10]

波音 787 上有 4 个变频起动发电机（VFSG），一个主发动机上安装两个发电机并通过发动机附件齿轮箱（AGB）连接。VFSG 执行两项主要功能：①主发动机的电起动；②一旦发动机起动，便可为飞机提供电力。VFSG AC 输出的频率随发动机转速变化。

波音 787 上有 6 个发动机控制单元（GCU），每个发电机对应 1 个 GCU（4 个主发电机和 2 个 APU 发电机）。每个 GCU 控制其各自对应发电机的电功率，并重新配置电力系统，以确保在发动机或发电机发生故障时维持飞机的供电能力。每个 GCU 还提供相应发电机的电压调节和保护功能。

主配电板装有发动机发电机 GCU 和汇流条接触器，用于控制和分配从 VFSG 到飞机其余部分的电功率。在后部电子设备舱中有两个主配电盘箱，每个配电盘箱均从每个发动机上的两个发电机接收电力。

飞机扰流板机电制动器（SEMA）控制机翼表面上的 7 对扰流板中的两对，并提供与其余扰流板表面上使用的液压作动器相类似的侧倾控制、空气 / 地面速度制动和下垂功能。相关的电子马达控制单元（EMCU）控制 SEMA 的运行。这是在生产民用运输飞机或军用飞机的主要飞行控制面上首次使用机电作动器。液压作动器用于定位飞机的所有主要控制面（飞机副翼、襟副翼、升降舵和方向舵）。

VFSG、GCU 和主配电盘箱都是飞机起动发电系统（EPGSS）的一部分，如图 3.16 所示。这些组件包括生成和分配飞机上使用的 VF 电力所必需的设备。

"无引气"电气系统架构的优点之一是在减少燃油消耗方面获得了更高的效率，波音 787 系统多电架构预计可节省约 3% 的燃油。相比于有引气气动系统，电气系统在重量和降低生命周期成本方面更具优势，因此 B787 为飞行员提供了更高的操作效率。

现在，让我们比较双发常规远程飞机（波音 777）和电功率更大的波音 787 的电气负载分析（ELA）。图 3.17 一方面显示了波音 777 在飞行过程中电气负载的变化情况[28]，另一方面显示了"F 型单发"故障情况下的巡航负荷分配情况[31]。

让我们考虑一下波音 787 飞机的电气负载分析。在需要最大除冰功率的天气条件下运行时，从发动机发电机汲取的功率在整个飞行过程中相对恒定。在较低的高度，更多的功率用于防冰和液压作动，而在较高的高度，更多的功率用于环境控制系统（ECS）和机舱增压。这两个作用相互抵消，从而使得发动机发电机的功率输出相对恒定。在短时间内，功率会明显下降，例如，当起落架缩回时，防冰装置关闭，短暂地导致发动机驱动发电机上的负载下降。然而，这个时间是短暂的，并且不太可能对发电系统的燃油消耗产生显著的影响。图 3.18[29] 显示了飞行主要阶段的发动机驱动发电机负载变化情况。

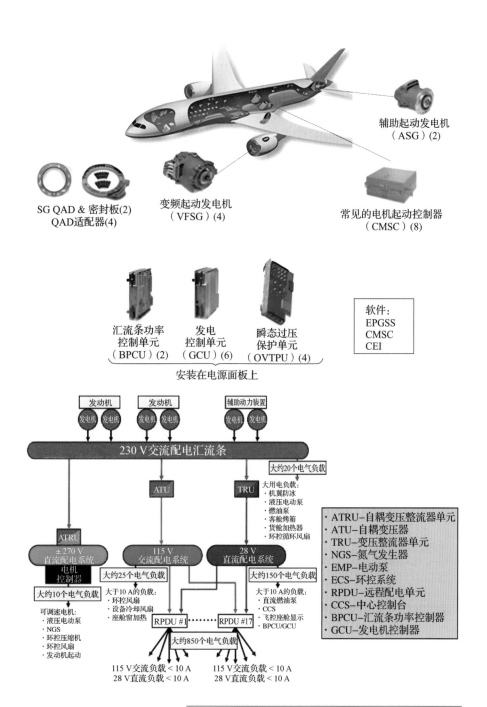

图 3.16 波音 787 起动发电系统（EPGSS）及电气架构[26-27]

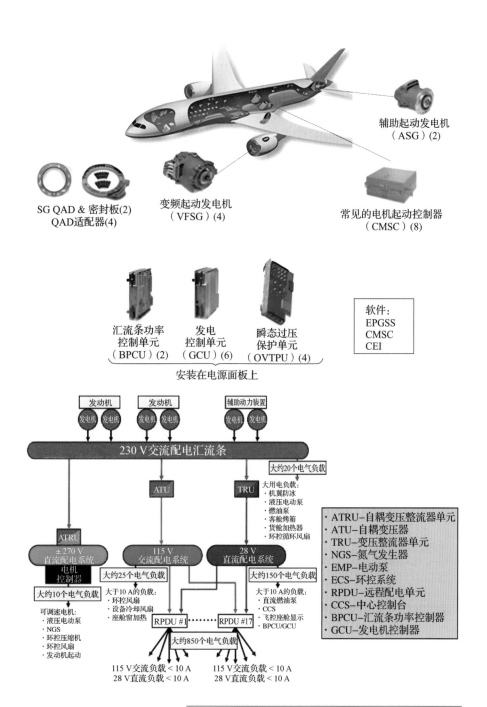

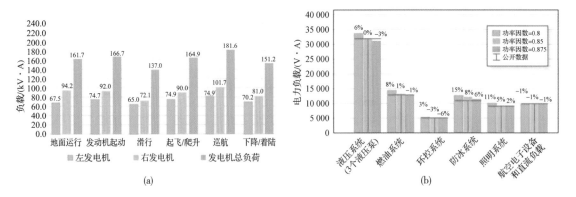

图 3.17　常规远程飞机（波音 777）电气负载分析

（a）飞机总负荷[28]；（b）巡航时的负荷分布（单发）[31]

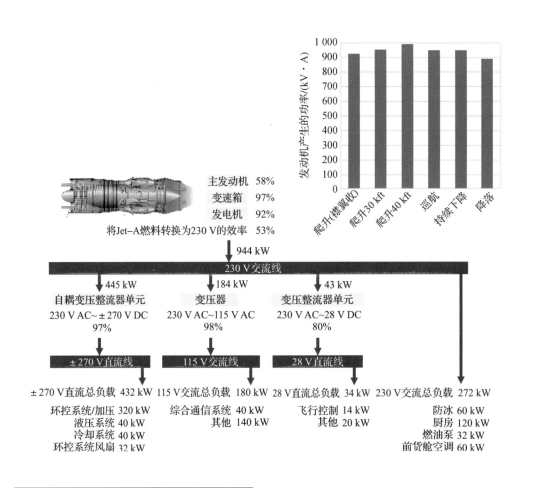

图 3.18　多电远程飞机（波音 787）电气负载分析[29]

　　　　　　　　　　　　　　　　　　　　　　　　　　　电动飞机技术基础

波音 787 的发电和功率转换效率明显高于早期的非多电飞机（MEA）。效率的提高主要归因于变频发电机（VFG）的使用和电力电子技术的进步，这些技术允许更高的功率转换效率。例如，波音 787 在发电机的交流输出端实际测得的效率为 52%，而波音 777 为 44%。

波音 787 发动机安装的发电机可产生 230 V 变频交流输出。大约有 30% 的发电功率直接被使用，但是为了满足最大负载，在自耦变压整流器单元（ATRU）中以 97% 的效率将交流电转换为 ±270 V 直流电。在效率为 98% 的变压器中，功率变换为 115 V 400 Hz 交流电；在效率为 80% 的变压整流器单元（TRU）中，功率变换为 28 V 直流电。图 3.18 显示了当前配置用于在飞机巡航条件下指定负载的发动机驱动发电机的电气系统。

随着航空航天业向电动飞机的发展，机载系统供电的电力需求不断增长。采用变频交流（VFAC）供电网络表明，在提高效率和可靠性的同时，可以扩大系统发电容量。此外，采用高压直流（HVDC）供电网络而不是交流供电网络将使整个飞机动力系统电气化。为何 270 V 直流网络或更高的 540 V 高压直流网络成为全电飞机的研究重点，这是有一定原因的。实际上，广泛用于作动器的静止变换器可以实现高压直流系统的应用。此外，对于高压直流输电系统，可以省去大部分大型电气负载的输入整流器功率级，从而带来减轻系统质量的好处[4]。

然而，无论是交流还是直流网络，汇流条电压等级的增加都会引起电晕效应，从而影响机载电缆和变压器绕组的安装。实际上，导体附近的局部电场可以被充分集中以使靠近导体的空气电离。如果在设计阶段未特别注意，则会导致局部电能放电，称为电晕放电或电晕，这可能会降低电缆连接或绕组绝缘性能。由于电晕效应与空气密度成反比例关系，并且其随飞行高度增加而增加，所以高压电气系统在航空应用场景受到了更大的打击。因此，在使用高压直流（HVDC）或高压交流（HVAC）电气网络时，在电缆布线和绕组（电动机、发电机或变压器）的尺寸和设计中必须采取特殊的绝缘预防措施，以减轻电晕效应的不利影响。这种电晕效应还需要定期维护检查，以确保电缆不会随时间推移而出现老化或性能退化。

图 3.19 显示了欧洲 MOET 研究项目[30]中为双发飞机研究的 HVDC 系统架构的一侧。图中所示的降压－升压变换器单元（BBCU）允许将 HVDC 转换为 LVDC

（28 V DC），反之亦然。随后的"清洁天空"项目在处理直升机、公务机和支线飞机时专注于 270 V 的直流电压，对于短程飞机则针对 540 V 的直流电压。图 3.19 还提供了有关短距离飞机电力需求的功率量级，其中，短程飞机的 HVDC 网络则由完全电气化的系统供电[3]。

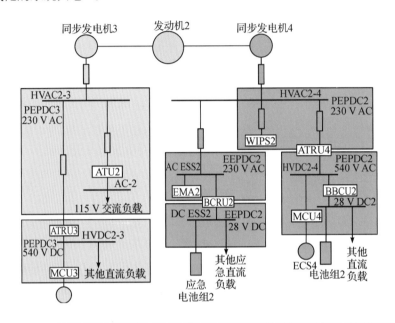

电力用户	注　释	典型功率水平
空调	环控系统（ECS）	4×70 kW 以上
飞行控制	主飞控和辅助飞控	通常在高负载下短时间持续在 3～40 kW
燃油泵		大约 10 kW
机翼防冰	加热垫或类似材料	250 kW 以上
起落架	收放、转向和制动	短时间 25～70 kW
发动机起动	可用于其他应用	短时间 200 kW 以上

图 3.19　短程飞机 HVDC 架构（MOET 项目）和功率要求 [30,3]

考虑到并非所有机载用电负载都同时供电，参考文献 [31] 中的电气负载分析提供了传统的 180 座双发短程飞机与其全电系统版本之间的比较（见图 3.20 和图 3.21）。

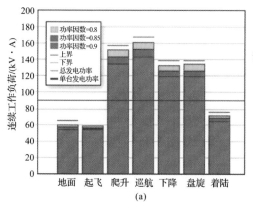
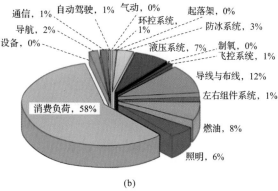

图 3.20 常规短程飞机(180 名乘客)电气负载分析[31]

（a）飞机总载荷；（b）巡航时的负荷分布

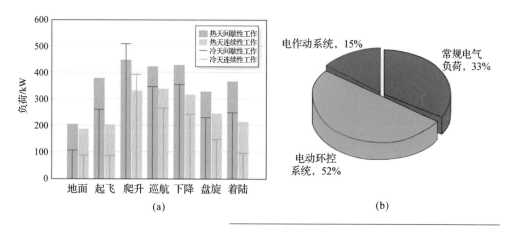

图 3.21 全电系统短程飞机（180 名乘客）电气负载分析[31]

（a）飞机总负荷；（b）巡航时的间歇载荷分布

但是请记住，如果发动机或发电机发生故障，图 3.22 中所示的电气负载必须由单个发电机承担，因而发电机的选型必须在设计标准和满足各种天气条件下功率要求的余量之内加以考虑。此外，可接受的 5 min 和 5 s 发电机过载的额定功率直接影响发电机的尺寸和质量。因此，从这个角度来看，根据瞬态负载的管理方式，发电机还有优化的空间。在研究中，正常功率和过载功率额定值会根据一台或两台发电机、技术相似度等因素进行各种调整。为了在质量和性能、精确的负载要求、电源管理之间取得最佳平衡策略，效率和新技术的改进将不断纳入设计迭代中。通过这种方式，许多研究项目的目标不仅是对短程飞机的发电方程进行求解，而且要求解具有完全电气化系统的其他类型飞机的发电方程。

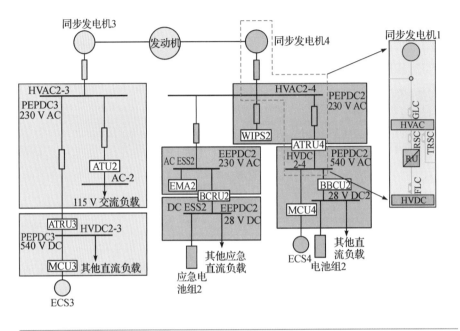

图 3.22　重量优化的 HVDC 发电系统（高速交流发电机 + 整流器单元）（改编自参考文献 [30]）

如前所述，在更长飞行距离的多电飞机（MEA）上，第一步是朝着可变频率方向发展（如空客 A380），然后引入了两倍交流电压等级的供电体制（如空客 350 和波音 787）。此外，尽管波音 787 具有用于为大型电力负载供电的高压直流（HVDC）网络，但仍必须处理从中获得 HVDC 的交流网络。而且，分配给其他负载的交流电压也必须符合严格的电能质量和稳定性要求，该要求与 HVDC 母线下游连接的用电负载的运行模式有关。供电系统符合性意味着发电机的设计变得更加严格，以至于由于运行速度的限制可能无法达到最佳的功率重量比。因此，如果要缓解交流供电网络的电能质量限制，但仍要在 HVDC 网络上加以考虑，则应依靠高速交流发电机通过有源整流器单元（RU）产生 HVDC 电压的系统架构，而不是通过自耦变压整流器单元（ATRU），这样可以大大减轻系统重量（见图 3.23）[32]。

图 3.23 提供了高速发电机可实现的轻量化数量级。实际上，发电机转速增加 60% 意味着发电机重量减少 40%[33]。此外，用有源整流单元（RU）代替 ATRU（自耦变压整流器单元）有助于消除笨重的 ATRU 变压器绕组。但是，考虑到 ATRU

电动飞机技术基础

的效率极高（97%）且具有高可靠性，应该使用功率电子设备使多个整流单元处于有源工作状态，还是仅使用二极管使多个整流单元处于无源工作状态，仍是一个需要研究的问题。

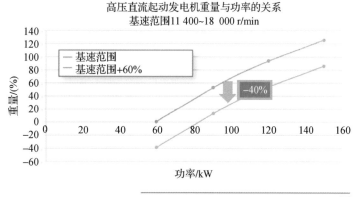

图 3.23　可减轻发电系统重量的高速发电机[33]

考虑到从常规电气系统的飞机转向全电飞机要处理较大的功率水平，因此提供轻量化的解决方案变得引人关注。从电气网络架构开始，系统重量的显著增加是一直伴随飞机系统电气化的核心问题。因此，直接从高压直流（HVDC）母线而不是交流（AC）母线提供功率，并将它们分布在飞机各个部位上，构成了面向集成系统电气化的电网设计的重量优化方法。

关于发动机的发电机集成技术，以下选项可以提供优化：

（1）集成式起动发电机和变速箱（机油共享和集成设计）；

（2）集成不带变速箱的起动机发电机。

电力电子拓扑结构和开关器件技术的巨大进步可以使飞机电气网络设计具有更大的灵活性。其解决方案包括实现双向有源变换器而不是整流单元（RU），以处理正常的交流（AC）功率到高压直流（HVDC）功率转换，还支持功率反向传输操作，即在必要时将 HVDC 电压转换为 AC 电压。这种新型能量双向流动功能可以提高飞机的操作灵活性，从而有助于增强机载电源的"可用性"。欧洲 MOET 计划项目（多电飞机电气架构设计项目）电气架构（见图 3.19）已经在 HVDC 和 LVDC 母线之间引入了双向直流功率变换器（BDC）。图 3.24 所示为全电飞机的 HVDC 系统架构示例，其中，功率转换基于双向功率变换器（BDC）。当然，根据所考虑的飞机类型，已展示的 270 V HVDC 母线的直流电压等级可能更高。相同的论点也适用于发电机的额定功率容量设计。

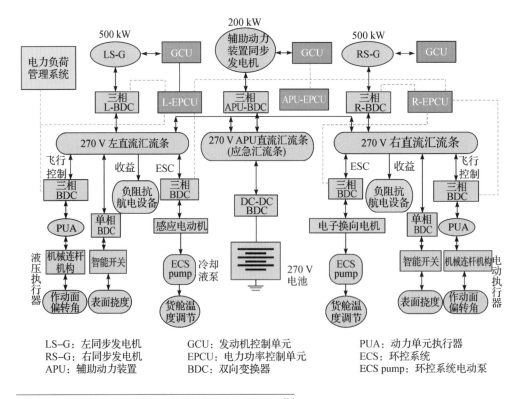

图 3.24　高压直流电气系统架构（双发飞机与全电气系统）[34]

LS-G：左同步发电机	GCU：发动机控制单元	PUA：动力单元执行器
RS-G：右同步发电机	EPCU：电力功率控制单元	ECS：环控系统
APU：辅助动力装置	BDC：双向变换器	ECS pump：环控系统电动泵

参 考 文 献

[1]　Faleiro, L., Herzog, J., Schievelbusch, B., and Seung, T.,"Integrated Equipment Systems for a More Electric Aircraft—Hydraulics and Pneumatics," Liebherr-Aerospace, 24th International Congress of the Aeronautical Sciences (ICAS 2004), Yokohama, Japan,August 29-September 3, 2004.

[2]　Rosero, J.A., Ortega, J.A., Aldabas, E., and Romeral, L.,"Moving Towards a MoreElectric Aircraft," IEEE A & E Systems Magazine, March 2007.

[3]　Wheeler, P.,"The More Electric Aircraft—Why Aerospace Needs Power Electronics,"University of Nottingham, UK, May 2009, http://www.lboro.ac.uk/microsites/research/iemrc/Events%20write%20up/Power%20Electronics%20

电动飞机技术基础

14.05.09/More_Electric_Aircraft_000.pdf, accessed January 28, 2016.

[4] Langlois, O., Foch, E., Roboam, X., and Piquet, H.,"EEA 2004—From the More Electric Aircraft to the All Electric Aircraft: State of the Art & Prospective," Airbus, LEEI, March 18, 2004, Powernet/LEEI, https://www.j3ea.org/articles/j3ea/olm/2005/06/j3ea2005601/j3ea2005601-olm.pdf, accessed March 14, 2018.

[5] https://www.safran-transmission-systems.com/company, accessed April 29, 2018.

[6] Vaschetto, S.,"Design and Development of Permanent Magnet Synchronous Machines Shaft-Line Embedded in Aeronautic Engines,"Ph.D. thesis, Politecnico di Torino, Italy,2011, http://hdl.handle.net/11583/2615701.

[7] Rolls-Royce, The Jet Engine, 5th ed., (John Wiley & Sons on behalf of Rolls-Royce plc.,2015) ISBN 9781119065999.

[8] McLoughlin, A.,"Engine Powerplant Electrical Systems, More Electric Aircraft Forum," European Power Electronics and Applications Conference (EPE 2009), Barcelona, Spain, September 8-10, 2009.

[9] Wheeler, P.,"Power Electronics—The Enabling Technology for the More Electric Aircraft,"University of Nottingham (UK), IQPC 1st International More Electric Aircraft Conference, Hamburg, Germany, November 25-27, 2013.

[10] Sinnett, M.,"787 No-Bleed Systems—Saving Fuel and Enhancing Operational Efficiencies," AERO Magazine Q4, 2007, published by Boeing.

[11] Wikipedia,"Constant Speed Drive,"https://en.wikipedia.org/wiki/Constant_speed_drive, accessed April 30, 2018.

[12] Félice, E. and Oreal, P.-Y.,"Vers un avion tout électrique,"Lycée Martin Luther King (France) & Lycée Evariste-Galois (France), technologie Magazine issue 149, Canopé Editions, April 2007.

[13] Image extract from "GE90—Bug Removal & Installation, GE Aviation Maintenance Minute," YouTube video uploaded by GE Aviation on September 27, 2016, https://www.youtube.com/watch?v=rmr9c5B_gcQ, accessed March 24, 2018.

[14] https://www.safran-electrical-power.com/fr/systemes-electriques/nos-systemes-

degeneration-electrique, accessed March 17, 2018.

[15] Clark, S.F.,"787 Propulsion System," AERO Magazine Q3, 2012, published by Boeing.

[16] Photo extract from "GEnx-1B—VFSG Alignment Tool—GE Aviation Maintenance Minute," YouTube video uploaded by GE Aviation on September 8, 2016, https://www.youtube.com/watch?v=0rOpjIkY6_k, accessed March 15, 2018.

[17] Langlois, O., Foch, E., Roboam, X., and Piquet, H.,"De l'avion plus électrique à l'avion tout électrique : état de l'art et prospective sur les réseaux de bord," Airbus, LEEI, J3eA, Journal sur l'enseignement des sciences et technologies de l'information et des systèmes, Volume 4, Hors-Série 1, 1 (2005), doi:http://dx.doi.org/10.1051/bibj3ea:2005601.

[18] http://cdn.crouzet-aerospace.com/assets/library/Crouzet-Aerospace_Catalog_Circuitbreakers.pdf, accessed April 30, 2018.

[19] https://www.utcaerospacesystems.com/product-gallery/power-distribution-andmanagement-systems/, accessed May 1, 2018.

[20] http://www.esterline.com/powersystems/ProductRange/RelayPanelsSSPC.aspx, accessed May 1, 2018.

[21] https://www.wirtschaftsforum.de/fileadmin/wirtschaftsforum/unternehmen/697405_hs-elektronik-systeme-gmbh/programmierbar_wartungsfrei_steckbar_power distribution_modul_DEFAULT_2_1.jpg, accessed May 1, 2018.

[22] A380 Technical Training Manual—Maintenance Course—T1 & T2 (RR/Metric)—Level I—ATA24 Electrical Power, Airbus, March 15, 2006, https://fr.scribd.com/document/226098143/A380-LEVEL-I-ATA-24-Electrical-Power, accessed March 24 & 25, 2018.

[23] Johnson, F.L.,"A350 Technology," Airbus, Aviation Technical Education Council(ATEC) Conference, Orlando, FL, USA, April 21, 2009, http://www.vaughn.edu/assets/downloads/ATEC-2009-4.pdf, accessed March 15, 2018.

[24] Airbus,"A350-900 Flight Deck and Systems Briefing for Pilots Issue 02,"

Airbus,September 2011, http://www.smartcockpit.com/docs/a350-900-flight-deck-andsystems-briefing-for-pilots.pdf, accessed March 15, 2018.

[25] Roemelt, S.,"Electrical Systems Engineering & Integration in AIRBUS," Airbus,ICAS Biennial Workshop 2015, Kraków, Poland, August 31, 2015, http://www.icas.org/media/pdf/Workshops/2015/ICAS_Workshop_Roemelt.pdf, accessed March 15, 2018.

[26] Boeing,"Boeing 787–8 Critical Systems Review Team Report," Boeing, March 19, 2014,https://www.faa.gov/about/plans_reports/media/787_Report_Final.pdf, accessed March 15, 2018.

[27] Nelson T.,"787 Systems and Performance," Boeing, 2005, http://myhres.com/Boeing-787-Systems-and-Performance.pdf, accessed March 16, 2018.

[28] Liska-Guzman, J. and Stuckless, J.,"B777 RAVE Electrical Load Analysis (ELA) Amendment," Trillium Aerospace, Document No: AV071016910, July 10, 2016, http://pubhtml5.com/uhqv/aanc/basic, accessed March 16, 2018.

[29] Whyatt, G.A. and Chick, L.A.,"Electrical Generation for More-Electric Aircraft using Solid Oxide Fuel Cells," prepared by the Pacific Northwest National Laboratory for theUS Department of Energy, April 2012, https://www.energy.gov/eere/fuelcells/downloads/electrical-generation-more-electric-aircraft-using-solid-oxide-fuel-cells, accessed March 16, 2018.

[30] Wu, T., Bozhko, S.V., and Asher, G.M.,"High Speed Modeling Approach of Aircraft Electrical Power Systems under both Normal and Abnormal Scenarios," GE Global Research, University of Nottingham, 2010, doi:10.1109/ISIE.2010.5637279, https://www.researchgate.net/publication/251965555_High_speed_modeling_approach_of_aircraft_electrical_power_systems_under_both_normal_and_abnormal_scenarios, accessed March 15, 2018.

[31] Seresinhe, R. and Lawson, C.,"Electrical Load-Sizing Methodology to Aid Conceptualand Preliminary Design of Large Commercial Aircraft," Cranfield University (UK),Proceedings of the IMechE Part G: Journal of Aerospace

Engineering, 229, no. 3 (March2014): 445–466, doi: 10.1177/0954410014534638, http://journals.sagepub.com/doi/abs/10.1177/0954410014534638, accessed March 16, 2018.

[32] Roboam, X., Sareni, B., and De Andrade, A.,"More Electricity in the Air: TowardOptimized Electrical Networks Embedded in More-Electrical Aircraft," IEEE Industrial Electronics Magazine 6, no. 4 (2012): 6-17, ISSN 1932-4529, doi:10.1109/ MIE.2012.2221355, http://oatao.univ-toulouse.fr/9269/, accessed May 1, 2018.

[33] Thalin, P.,"Game-Changing Power System Solutions for MEA," Thales, IQPC 1stInternational More Electric Aircraft Conference, Hamburg, Germany, November 25-27, 2013.

[34] Setlak, L. and Ruda E., "Review, Analysis and Simulation of Advanced Technology Solutions of Selected Components in Power Electronics Systems (PES) of More Electric Aircraft," World Academy of Science, Engineering and Technology International Journal of Computer and Systems Engineering 9, no. 10 (2015), http:// scholar.waset.org/1307-6892/10002777, accessed October 18, 2018.

第 4 章

飞机系统电气化 第二部分
——取代气动系统的可行技术

CHAPTER FOUR

·电动飞机技术基础·

4.1　气动功率的产生

在深入了解传统的气动或引气环境控制系统（ECS）如何实现电气化之前，首先让我们了解一下从传统发动机中提取气动能量所涉及的发动机功能和部件。

燃气涡轮发动机产生的引气是压缩空气，该压缩空气取自发动机的多级压气机，该压气机在燃油燃烧室部分的上游。如参考文献 [1] 所述，在涡扇发动机上，从发动机的压气机抽出用于冷却和其他目的的空气量可能超过核心机流量的20%。在此水平上，它对发动机的性能有显著影响。涡扇发动机需要压缩或排出空气才能实现以下功能：

（1）静态或旋转的发动机零件的冷却；

（2）旋转零件的间隙控制；

（3）机舱气密封；

（4）发动机前缘零件以及飞机机翼和尾翼前缘的除冰；

（5）为机舱增压、飞机空调系统提供气源；

（6）双发系统中通过空气起动器（交叉起动）起动第二台发动机；

（7）气动执行器和气动马达的运行；

（8）液压油储罐、废气储罐和水储罐的增压。

空气引气总是在发动机中具有适当压力水平的气压系统链路尽可能早的地方排出。此时在空气中消耗的能量最少，并且具有较低的温度。

飞机引气会降低压气机的性能，从而降低发动机的性能。当引气用于机舱空调和除冰时，它将使发动机的燃油消耗增加多达5%。

从高压压气机抽出的引气温度过高，无法在飞机周围传递。因此，它在使用风扇气流进行冷却的预冷器中进行了预冷却。引气在发动机吊舱预冷器中被冷却并调节至 200 ~ 250 ℃和 275 kPa[约 40 psi（1 psi=6.894 757 kPa）]，然后将其传输到飞机上的其他负载设备中 [见图 4.1（a）]。

虽然引气是将压缩空气输送到飞机空调系统或加热以使机翼除冰的简单方法，但它需要吸收冷却塔式预冷器中的能量，这意味着在飞机上需要输送250℃的空气。任何泄漏都可能损坏电缆，甚至削弱飞机的结构强度。因此，需要气体泄漏检测系统，并且如果出现引气泄漏，飞行员需要操作不同的截止阀或换向阀以阻止这一问题出现。

为了减少由于引气效率低下而浪费的能量，可以从发动机上去除引气组件（引气管道、预冷器等）。世界上首个配备此类无引气发动机的机型是波音787多电飞机，在该飞机上，除吊舱防冰装置外，没有在飞机系统上安装引气组件。在这架飞机上，移除的引气排放功率被更有效的电力功率所替代 [见图4.1（b）]。

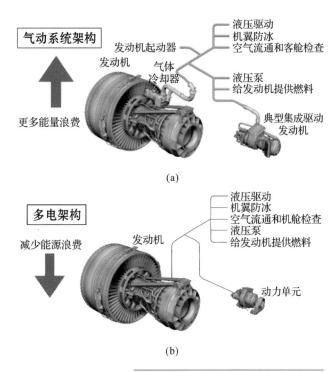

图 4.1　经典引气结构和多电无引气结构[1]

（a）混合引气系统和电能系统；　（b）电能替代引气系统结构

4.2　环境控制系统

如参考文献 [2] 所述，环境控制系统（ECS）的任务是控制空气温度，对相关飞机机舱加压，为乘客提供足够的通风和新鲜空气，将湿度控制在机舱可接受的范围内并去除污染物。调节空气的核心系统是所谓的"环控组件"。

4.2.1　传统环控系统

当前，大型民用飞机的 ECS 组件使用从发动机压气机排出的空气向机舱提供调节后的空气（流量、压力、温度）（见图 4.2）。由于发动机产生的推力大小取

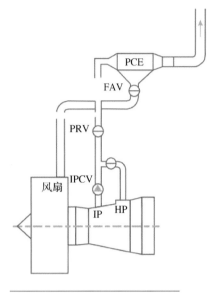

图 4.2　简化的典型发动机引气系统[2]

决于飞机的飞行阶段,因此发动机引气的压力也会发生变化,这样就有必要使用两个不同的引气端口:在大多数情况下使用的低压(LP)或中压(IP)轴压气机端口,以及在发动机以低推力(尤其是在着陆、保持航线和下降状态下)运行时使用的高压(HP)轴压气机端口。

用于 ECS(以及 WIPS)供应的排气端口(LP/IP 或 HP,由阀门 LPCV/中压控制阀和 HPV 控制)的选择由可用气压驱动,并受复杂的控制规律控制。

输送的空气压力受压力调压阀(PRV)的限制,而其温度则受预冷器(PCE)的影响,预冷器使用发动机风扇的空气来冷却来自发动机核心机的空气。风扇空气阀(FAV)调节冷却气体流量,以使离开预冷器的空气温度不超过 200 ℃。

发动机排出的引气会影响发动机的燃油消耗。这主要取决于空气的质量流量、空气压力和发动机推力。无论空气温度和气压低或高,ECS 都必须应对来自发动机的所有能量水平供应情况。这意味着 ECS 必须针对最糟糕的情况(低压和高温)进行设计,但是当飞行条件不是很严苛时(大多数情况下),ECS 的引气供给就会过多,这时 ECS 的引气供应则会达到不需要的过高能量水平(尤其是在起飞和爬升阶段),发动机提供的高压空气则通过压力调节阀(PRV)和流量控制阀(FCV)在进气口处降低(或者消耗掉)。

Martinez[3] 表示,为了满足飞行和地面上的空调需求,即在 75 ～ 100 kPa 和 22 ℃下的机舱空气交换更新流量为 5 L/(s·Pax)(pax 表示乘客人数),可以使用在不同的系统中。以下有一些例子:

(1)在 1950 年以前,只有供热(来自发动机的热量回收,电加热器或燃烧器)可用。

(2)蒸气循环系统,例如汽车空调中的蒸气循环系统(最好具有热泵功能),并辅以单独的通风系统,主要用于小型飞机。

　　电动飞机技术基础

（3）同时提供加热 / 冷却和通风的空气循环系统。尽管它的能源效率很差（满载时通常每人消耗 1 kW，400 人以上的飞机约为 350 kW，约占所有飞机 75% 的机上非强制性能源消耗），但因为该系统的紧凑性和可靠性，这也成为中大型飞机的标准配置。ECS 通常安装在机体腹部整流罩的机翼盒部分附近，与中央燃油箱相邻（见图 4.3）。

下面提供了最新的技术进展情况：

（1）大多数飞机使用的多合一解决方案：空气循环机（ACM）套件（但加热 / 制冷效率约为 50%）。单独的电动空气循环机（ACM）将更具通用性和效率（约为 70%）。

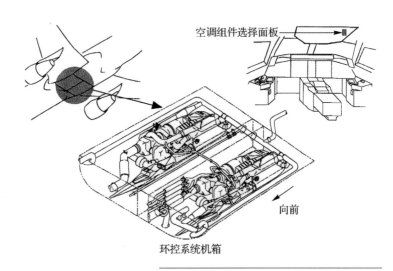

图 4.3　双发飞机 ECS 组件的位置（两个组件）[3]

（2）许多小型飞机中使用的蒸气循环压缩热泵（但无加压、无通风）。

在地面上，机场主要使用高效的地面制冷系统，而不是使用飞机的 APU 引气向 ECS 供气。一种新颖的地面 ECS 服务可以基于具有冰存储功能的水冷机（冰是在夜间制造的，并在现场使用，以避免使用大型冰箱）。

下面，让我们了解一下 ACM 的工作原理。典型的 ACM 组件的工作原理如下所述：

（1）空气通过约 250 kPa 的流量控制阀（FCV）从主发动机压气机中排出。由于绝热压缩加热，温度非常高（> 200 ℃）。由于引气的压力和温度取决于压气机级数和其旋转速度，因此可通过在不同压气机级和控制阀处放两个或三个引气装置来调节该压力。

（2）排出的热空气在进入机舱之前总是需要冷却，但是带有外部空气的简单换热器（HE）效率不高（需要较大的换热器才能将一定量的空气从 200 ℃冷却至

20 ℃，尤其是在低海拔时）。为了确保排出的空气可以安全地从发动机通过机身输送到 ACM 和除冰系统，发动机中的换热器（预冷器）将压气机排出的空气（> 200 ℃）冷却到大约 180 ℃（见图 4.4）。

（3）ACM 基于逆布雷顿制冷循环，来自排放系统的预冷空气在所谓的一次换热器中进一步冷却至约 110 ℃，然后进入压力比约为 1.8 的压缩机，从而将空气温度升高至 210 ℃，二次换热器将其温度再次降低到约 100 ℃。这些紧凑型换热器的压力损失很高（20 ～ 40 kPa）。之后，空气通过涡轮并在约 5 ℃时排出，与约 100 ℃的较热引气混合，通过 22 ℃左右的空气保持舱室所需的 10 ～ 35 ℃（取决于运行阶段），这是内部热量释放（乘客和机载设备散发的）、外部热量获取和损失，以及空气再循环共同作用的结果。图 4.4 描绘了这一热力学运行循环过程。

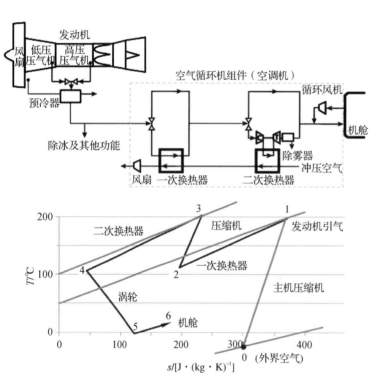

图 4.4　ECS 闭环的方框图和热力学循环[3]

（4）提供了附加的过滤器 / 分离器，以去除潮湿气候下地面和低海拔地区的冷凝水（大多数情况下刚好在 ACM 涡轮机后端排放，当在地面上需要非常冷的机舱空气时，也要在涡轮机之前排放，以避免在涡轮机内产生结冰的风险）。冷凝水注入冲压空气流，以帮助提高换热器的效率。同轴涡轮压气机由铝材制成，并带有空气轴承。

（5）在两个紧凑型换热器（横流波纹铝板）中，冲压空气都用作热沉。冲压空气通过进气门和扩散器被捕获，并由风扇（由 ACM 涡轮机驱动）强迫其通过上述两个换热器、排气喷嘴和百叶窗出口。进口和出口由相同的作动器连接并驱动（每个对应一个组件）。当不需要冷却时（例如，当 ACM 压缩机出口温度 < 120 ℃时），这些出入口将保持关闭状态。在每个 ACM 中，冲压空气的质量流量是引气的两倍或三倍左右。

为了实现冗余配置，通常将每个发动机的环境控制系统（ECS）分解到一个 ACM 组件中（见图 4.3）。ACM 的尺寸取决于每位乘客至少 6 g/s 的通风要求（例如，对于空客 A320 飞机系列的 200 名乘客而言，最小通风量为 1.2 kg/s，典型设计值约为 2 kg/s）。空客 A340 飞机 ECS 的质量为 720 kg，并具有 4 个 ACM，每个 ACM 供给 1 kg/s 流量的空气。

在大型飞机上，每个发动机的压缩空气排量约为 1 kg/s（使用的一次空气量为 80 ～ 100 kg/s），每个空气组件（ACM）的质量约为 150 kg，每个 ACM 组件吸收约 3 kg/s 的冲压空气（对于每个发动机的预冷器增加 0.5 kg/s 的后风扇空气流量）。

ECS 的标称功率要求取决于压缩引气所花费的功率，每个组件大约为 200 kW[3]。

这些真实系统的样子总是很有趣的。利勃海尔公司提供的传统短程空客 A320 ECS 组件如图 4.5 所示。该图还突出显示了系统组件在飞机上的位置以及其换热器（HE）的冲压空气入口和出口。

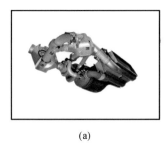 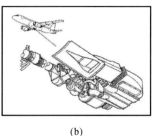 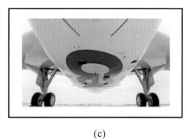

(a)　　　　　　　　　　(b)　　　　　　　　　　(c)

图 4.5　常规 ECS 组件在短程空客 A320 飞机上的位置
（a）常规 ECS 组件；（b）ECS 组件位置；（c）ECS 组件的进 / 出口端口

现在，让我们考虑更大的洲际客机——波音 747-8，这是一种四发大型喷气式飞机，能够在 8 000 n mile（1 n mile ≈ 1 852 m）的范围内运送 467 名乘客（三等舱）。

它与新开发的 ECS 组件一起投入使用。飞机上装有 4 个组件，它们位于飞机腹部整流罩中，每侧两个。机上引气主要用于机舱空调和温度控制系统（CACTCS）、发动机防冰、机翼防冰、液压气动泵、前缘襟翼驱动单元、制氮系统、舱尾货物加热、大气总温抽吸探头和液压油箱增压。所有 4 个发动机引气系统均通过一个共用进气管连接，使用冲压空气门作动器（RADA）和温度控制阀（TCV）来调节组件温度。相关技术的进步使波音公司对波音747-8上的传统引气排放系统进行了几处改进[见图 4.6（b）][8]。

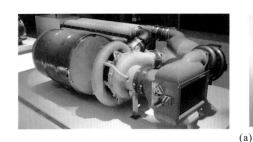

(a)

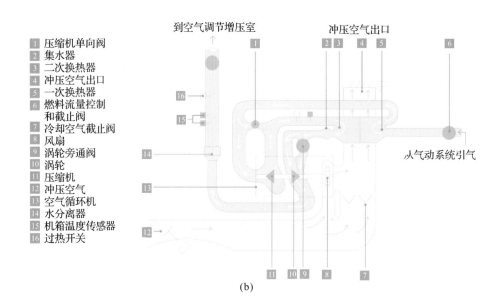

1 压缩机单向阀
2 集水器
3 二次换热器
4 冲压空气出口
5 一次换热器
6 燃料流量控制和截止阀
7 冷却空气截止阀
8 风扇
9 涡轮旁通阀
10 涡轮
11 压缩机
12 冲压空气
13 空气循环机
14 水分离器
15 机箱温度传感器
16 过热开关

到空气调节增压室　　　冲压空气出口

从气动系统引气

(b)

图 4.6　波音 747-8 的 ECS 组件

4.2.2　电动环控系统

常规环境控制系统（ECS）设计可靠，但运行成本很高（1 kW/pax）。由于地面和上升/下降期间的过热环境（当必须使用风扇、发动机风扇或专用风扇强制冲压空气流动时）[3]，因此也存在一些维护问题。

在飞机层面，ECS 的电气化是多电飞机（MEA）的一个关键促成因素，因为它是飞机巡航期间最大的稳态耗电设备，但由于其相应的适应性和对发动机运行的影响较小，因此也可以节省大量燃油。图 4.7 显示了 100 名和 350 名乘客的飞机的增压和通风以及冷却的近似功率消耗（适用于 40 000 ft 高空的巡航飞行，炎热的天气条件）。全电动环控系统的耗电量直接与乘客人数相关，因为乘客人数决定了要引入机舱的新鲜空气的流量。尽管图中报告的值是近似值，但给出了要提供的所需电功率的数量级。对于有 350 名乘客的飞机，电力需求将在 400 kW 范围内，因此将在很大程度上影响电力发电系统（EPGS）的规模[3]。

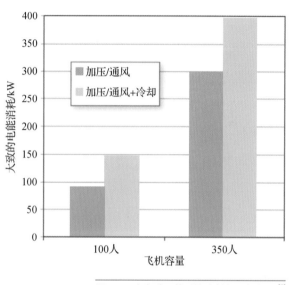

图 4.7 全电动环控系统功耗与飞机容量[2]

ECS 电气化的优点很多，下面列出了其中一些：

（1）电动 ECS 不会直接干预或影响发动机的热力学循环。由于避免了传统的引气从发动机压气机中抽出功率的现象，发动机性能不再降低。电动 ECS 可使发动机压气机的设计独立于引气环控系统的需求。

（2）只有通过高涵道比发动机（发动机风扇流量除以核心机流量）才能实现发动机高效运行。因此，在高涵道比发动机中，由于发动机所需的空气质量流量较大，所以核心机芯的气流相对减少到最小，并且与发动机气流相关的引气百分比（由飞机的新鲜空气需求决定）较高，因为 ECS 需要的空气质量流量来自发动机核心机气流。但是，核心机的气流越低，引气对发动机燃油消耗率（SFC）的影响就越大。而且，由于需要向飞机机舱（以及对应的 ECS）提供最小量引气，减小核心机气流允许涵道比增加的潜力可能会受到限制。

（3）常规 ECS 的能源来自发动机压气机，因此其功率水平取决于飞机飞行阶段（爬升过程中的高功率水平和下降过程中的低功率水平），而电动 ECS 与常规 ECS 不同，它仅需要执行任务所需的功率，不会浪费不必要的能源。

（4）在某些飞行阶段，发动机产生的最小推力可由 ECS 组件驱动，这需要最小压力才能完成任务。这导致额外的飞机燃油消耗，并且阻止飞机飞行在节油的任务包线上。电动 ECS 可使发动机推力与 ECS 气流需求隔离开来，所增加的电功率可与其对发动机的负面影响在一定程度上相抵消。

虽然电动 ECS 有很多优点，但也有一些需要克服的挑战：

（1）由于 ECS 消耗大量电力，因此发电机的容量大小必须设计得适当。对于双发飞机，尤其对于"一台发动机关闭"故障情况，挑战更为严峻，因为正常运行中半数的发电机必须提供一半以上的 ECS 功耗。

（2）仅当使用大量发动机引气的其他飞机系统（WIPS）使用另一个电源时，取消 ECS 的发动机引气后才可以发挥其全部潜力。WIPS 的气动动力必须由电力代替，并且在遇到结冰条件时，该系统的功耗非常大。

（3）紧凑、高效、质量轻的 ECS 要求涡轮机械高速工作。这些电动空气循环机（MACM）必须以高达 50 000 r/min 的速度工作。风冷电机对于大功率 MACM 应用是可行的。

（4）电动 ECS 的使用肯定可以简化发动机（排气口、排气阀和预冷器的去除）及其控制，但会使 ECS 组件更加复杂，因为它必须自己产生压缩空气。这种较高的复杂性可能导致更大的质量、安装空间需求和成本需求。这些影响必须与飞机动力系统的优化相平衡。

如图 4.7 显示的那样，由于滚雪球效应，尤其是在发电量和功率分配量方面，发动机的动力输出驱动了整个电动 ECS。因此，如图 4.8 所示，将常规 ECS 与电动 ECS[4] 的功能图进行比较，这是在欧洲 MOET 研究项目中针对短程飞机应用所进行的研究。

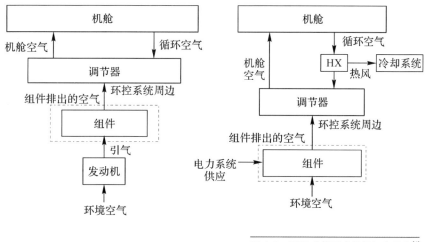

图 4.8 ECS 功能图（常规与电动）[4]

在这两种情况下，从电动空气循环机（MACM）涡轮机部分排出的压缩空气被分配到紧凑型混合器，然后分配到飞机的机舱区域。紧凑型混合器可确保空气循环机（ACM）输送的外部空气与来自主驾驶室区域的再循环空气有效地混合[4]。

欧洲 MOET 项目中开发的一种方法是基于以下原理进行功率优化的。从热力学角度来看，新鲜空气冷却比再循环空气冷却代价更大，其原因很明显：必须先压缩新鲜空气，才能使其用于机舱供应。其中一种设计原则是将新鲜空气流量最小化至所需的认证气流流量再加上余度流量。这种技术解决方案是将空气冷却的再循环整合起来，以处理热负荷。此外，在专用换热器中可能会以这种方式防止结冰现象发生。

关于功率输出，就其冷却功能而言，蒸气循环冷却可能比空气循环冷却更有效，因此，附加的冷却系统被设计为蒸气循环冷却系统。在欧洲 MOET 项目中研究了这种方法。它包括两个基于空气循环技术的电气组件以及两个蒸气循环系统。这些组件的功能与常规组件系统相同，即新鲜空气供应、冷却和湿度控制。另外，电气组件还提供增压动力。蒸气循环组件的功能通常是冷却，并且以效果非常差的方式进行机舱除湿。以上所有系统均由电能供能。此类系统的体系结构和分析在参考文献 [4] 中进行了简要描述。

空调组件的功能是向机舱提供经过调节的压缩空气。空调组件必须经过适当设计，以向机舱提供足够的新鲜空气，从而符合通风认证要求。此外，必须控制所供应的空气的温度和湿度，以便首先维持安全的机舱条件，然后维持足够的乘客舒适度。

这些系统组件中唯一可用的能量是电力能源，因为不再有气动组件。因此，该组件主要由电动空气压缩机组成，该空气压缩机通过专用的高效冲压空气进气口从外部吸入空气。这些空气通过高压比率离心压缩机（Comp）加压，而热压缩机排放空气的冷却则通过换热器实现，换热器使用冲压空气作为散热器，并在涡轮机中进行可选的膨胀冷却（见图 4.9）。外部空气将在换热器和涡轮之间的高压抽水循环回路中除湿。

此外，压缩机的映射功能区必须足够大，以适应在低海拔和高海拔阶段之间的环境空气密度变化。在任何情况下，都必须优化效率，

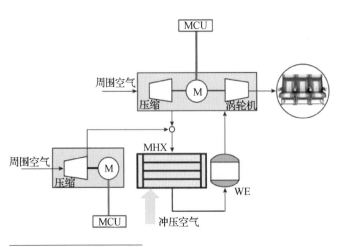

图 4.9　电动 ECS 套件框图 [4]

以最大程度地降低飞机发动机的电力输出。在炎热的天气条件下，地面上的冷却和除湿需要特定的设备（例如涡轮机），以通过空气膨胀和高压抽水回路提供额外的冷却。飞行期间，如果外部空气足够冷，可以通过冲压空气主要换热器通风提供足够的冷却。

如果发生故障，带有其余操作组件的空调系统必须遵守有关机舱通风和温度的特定认证要求，组件设计必须考虑这一点。此外，为了提高系统可用性，飞机调度目标也揭示了几个组件的冗余性设计。

必须设计专用的组件控制器，以根据流量和冷却需求处理不同的控制模式。为了满足调度目标，控件还应包括在组件发生故障时的重新配置功能。控件必须与全局飞机的热管理控件交互，该控件定义了整个飞行任务期间的电池组冷却需求。在 MOET 项目的框架中，利勃海尔开发了一种用于短程飞机应用的电动空调套件的全尺寸演示装置。

聚焦高性能指标需求，作为演示装置的一部分，主要开发了关键组件，例如电动涡轮机、电动机控制单元等：

　　　　　　　　　　　　　　　　　　　　　　　　　电动飞机技术基础

（1）压缩机组件，工作范围宽，压力比高达 6:1；

（2）电机控制单元，功率密度大于 4.1 kW/kg。

在 MOET 项目成果的基础上，空中客车公司与利勃海尔合作，在欧洲"清洁天空"研究计划 [绿色运营系统（SGO）平台] 内对电动 ECS 组件进行了实时测试。

空客飞行实验室（A320 MSN1）的首次飞行于 2016 年 6 月进行。在这架测试飞机上（见图 4.10），一个常规的 ECS 组件被利勃海尔开发的电动 ECS 组件所替代（见图 4.11）[11]。

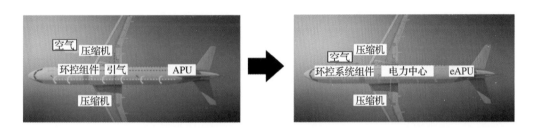

图 4.10　常规 ECS 组件被电动 ECS 组件取代（空中客车 A320 测试飞机）[11]

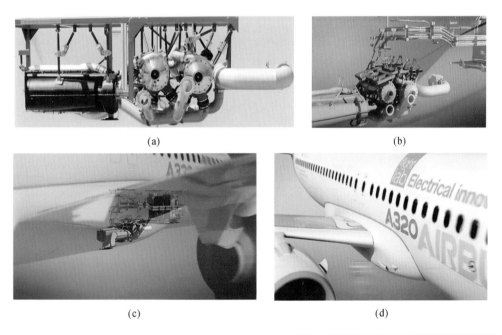

图 4.11　短程 A320 测试飞机电动 ECS 组件演示器 + 安装
（a）电动 ECS 组件 [12]；（b）组件的位置 [11]；
（c）组件的安装位置 [11]；（d）压缩机冲压空气入口位置 [11]

用于技术演示的电环控系统（e-ECS）组件的额定功率为 50 kW。飞行测试活动涵盖了整个可预见的飞行包线，并包括了一些其他在高空进行的鲁棒性测试。因此，到 2016 年底，"清洁天空"项目创新型 e-ECS 的开发水平已达到技术成熟度 5 级（TRL5）。

绿色支线飞机（GRA）是"清洁天空"计划中的另一个飞机平台，旨在与 Leonardo 和 ATR 合作测试支线飞机段的 e-ECS。该技术已于 2016 年通过在 ATR72-600 飞机上进行的飞行测试活动成功演示，该飞机在飞机整流罩中安装了一个 e-ECS 组件。

尽管有良好的发展前景，但迄今为止，还没有短程飞机或支线飞机计划选择电动 ECS 技术，所有改进活动仍仅限于研究领域。但远程飞机市场情况则大不相同。

在最近的远程飞机技术发展中，系统电气化程度决定了选择常规 ECS 还是电动 ECS。虽然空客 350 仍然坚持使用常规的气动 ECS，但波音 787 在大型飞机上首次进行了广泛的系统电气化的框架下，还是采用了电动 ECS。在包括 ECS 在内的电气化过程中，联合技术 UTC 航空航天系统公司（UTAS）的工作量很大。大规模电气化反映了供应链整合，也促成了先前飞机的设计程序的转变。

双发 300 座波音 787，其特点是采用了一个完全消除发动机引气的电动发动机控制系统，座舱压力增加到 > 82 kPa（1 800 m 的机舱高度）。因此，ECS 不使用来自发动机引气的高压空气来驱动由两个空调组成的组件，而是在空调机组内使用 4 个座舱空气压缩机（CAC）——由电动机驱动的径向压缩机（每个空调机组两个）。它们的综合功率需求（与波音 737 的总电力消耗大致相当）由发电机提供[13]。空气压缩机（CAC）在空气轴承上运行，转速为 40 ~ 50 000 r/min，总压比为 5（每个组件上）。它们吸入冲压空气（巡航时为 20 ~ 100 kPa），并在 90 ℃的温度下输送，而不是像常规引气 ECS 那样在 180 ℃下输送。这种电动 ECS 增加了约 200 kg 的飞机系统质量（和一些维修费用），但总体上节省了 5% 的燃料。通过使用无腐蚀复合材料，可以提高客舱内的湿度。将臭氧从外界空气中去除，高效空气过滤器去除细菌、病毒和真菌，气体过滤系统去除异味、刺激物和气体污染物[3]。

空气压缩机（CAC）由通用电机起动器控制器（CMSC）供电。可编程引脚控制器允许这些标准控制器模块也可用于其他电驱动场合，如冲压空气风扇和电机驱动压缩机。当飞机在地面时，冲压空气风扇向冲压空气管道供气。电动压缩机为氮气生成系统提供压缩空气，氮气生成系统将气体输送至燃油箱的惰化系统。多路复用的 CMSC 可用于在不同时间为飞机上的不同部件供能，从而完全消除了额外的控制器。在一些大型商用飞机上，这可能相当于减少了 5 个电机控制器，总质量为 500 lb（1 lb ≈ 0.453 6 kg）[14]。

图 4.12 显示了新型全电动波音 787 ECS 和以往的引气 ECS 的设计比较。组件位置[11] 和压缩机冲压空气进气口位置[11] 框图还突出显示了能源以及与其他飞机系统的互连[15]。

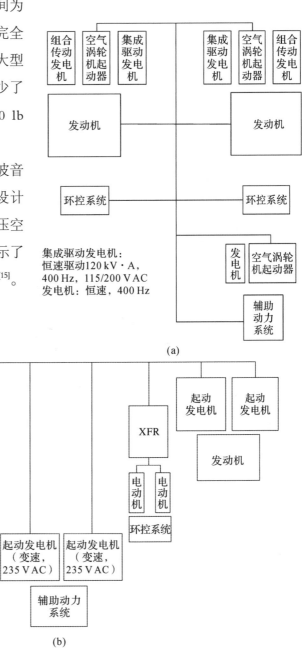

图 4.12　常规和电动 ECS 设计比较[15]

（a）常规引气 ECS；（b）全电 ECS（波音 787）

在图 4.12 中，波音 787 所示的所有部件（发动机除外）均由美国 UTC 公司提供。英国泰雷兹公司提供的自耦变压整流器单元（ATRU）的符号为 XFR，额定功率为 155 kW，使人们对运行中的功率需求有了一定的了解。为了清楚起见，未显示压缩机功率电子设备，即通过 ATRU 将起动发电机连接到 ECS 压缩机的通用电机起动控制器（CMSC）。

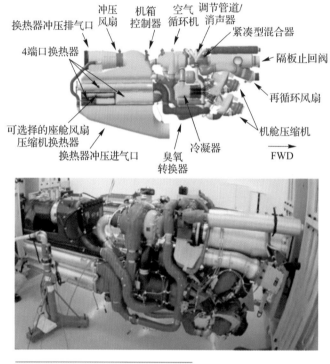

冲压风扇
机箱控制器
空气循环机
调节管道/消声器
换热器冲压排气口
紧凑型混合器
4端口换热器
隔板止回阀
再循环风扇
可选择的座舱风扇
压缩机换热器
机舱压缩机
换热器冲压进气口
臭氧转换器
冷凝器
FWD

图 4.13　全电动 ECS（波音 787）[16-17]

图 4.13 详细介绍了波音 787 电动 ECS 的组件，没有显示电源组件或压缩机功率电子设备。图 4.14 显示了波音 787 上安装组件的区域，并突出显示了 ECS 换热器（HE）和空气压缩机（CAC）的冲压进气口的位置。应当注意，尽管常规 ECS 和电动 ECS 设计配置都需要换热器（HE）进气口，但仅电动 ECS 才需要 CAC 进气口。

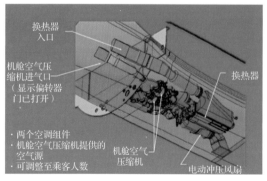

换热器入口
机舱空气压缩机进气口（显示偏转器门已打开）
换热器
·两个空调组件
·机舱空气压缩机提供的空气源
·可调整至乘客人数
机舱空气压缩机
电动冲压风扇

换热器入口
机舱空气压缩机进气口
换热器排气门

图 4.14　波音 787 电环控系统：组件和冲压进气口位置 [18]

4.3　机翼防除冰系统

为了在结冰条件下确保飞机飞行运行，必须对飞机进行全面的防冰保护。图 4.15[19] 中显示的框图总结了防冰检测 / 激活以及涉及的各种可用技术。

在大型飞机的传统架构中，热引气从飞机的引气系统中抽出，并通过机翼前缘传递到需要防冰的区域分布。对于每个机翼，一个阀控制引气向机翼前缘的流

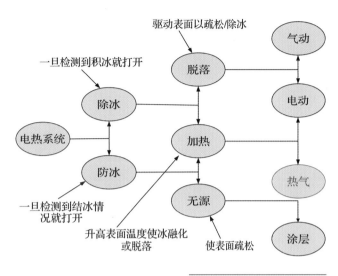

图 4.15　飞机防冰系统框图[19]

动，而多个小型风道则沿着机翼前缘的受保护区域均匀地分配热量。此外，如果需要在前缘板条上进行防冰保护，则伸缩管道可在展开位置向板条提供引气。排出的废空气通过机翼或板条下表面的孔排出。波音 787 对机翼防除冰系统（WIPS）采用了电加热防冰方案，其中多个加热垫黏结在受保护的板条前缘的内部。然后，可以同时给加热垫通电以加热机翼前缘，从而进行防冰保护，或依次通电以进行除冰保护。该方法比传统系统有效得多，因为不会消耗多余的能量，所需的防冰功率消耗约为气动系统的一半。此外，由于没有引气开孔，相对于传统的气动防冰系统，飞机的阻力和局部噪声得到了改善。

在波音 787 上，每个加热的板条上都装有 6 个电动加热垫。铝盖可保护前端表面。加热垫黏结在复合板条前缘蒙皮的内表面上（见图 4.16）。WIPS 的功能是为飞机机翼前缘板条区域提供电加热防冰保护。WIPS 同时运行左（左舷）和右（右舷）机翼防冰装置，以实现对称的机翼前缘防冰，并因此保持空气动力学稳定性。

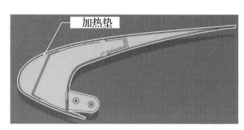

图 4.16　波音 787 远程飞机电热 WIPS 和前缘缝翼加热垫的位置 [27]

波音 787 235 V 交流三相电源由机翼防冰保护控制单元（WIPCU）进行切换（见图 4.17）。WIPCU 控制每个机翼上 8 个加热板条的功率 4。WIPCU 中有 3 种类型的电子电路板：

（1）电源（每个 WIPCU 1 个）。

（2）顺序控制器（每个 WIPCU 1 个）。

（3）区域控制器（每个 WIPCU 24 个）。每个防冰控制单元的数量取决于覆盖范围。波音 787 拥有 24 个区域控制器板卡。

电源调节并向区域控制器和顺序控制器分配双 28 V 直流电源。区域控制器控制电源切换到不同的加热垫区域。顺序控制器为控制区域控制器切换的飞机保持对称的防冰保护。

此类防冰系统设计为可在防冰、除冰或混合模式下运行，以满足从简单的时间 / 电压、开 / 关控制到非常

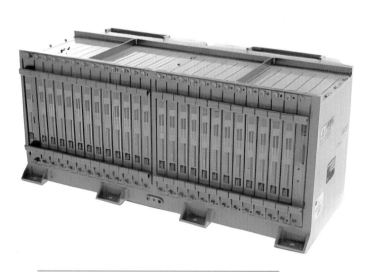

图 4.17　波音 787 远程客机机翼防冰保护控制单元 [20]

复杂的多区域、闭环反馈控制。采用该系统的其他应用如下 [20]：

（1）普惠 F135 发动机进气口（此发动机为洛克希德·马丁 F35 战斗机提供动力）。

（2）洛克希德·马丁 F35 Lightning Ⅱ 提升风扇进气口。

4.4 可行的替代技术

4.4.1 电机

无论电机是用作发电的发电机，还是确保运动控制的电动机，飞机电气化的核心都在于电机的利用。例如，起动发动机压缩外部空气以进行空气调节或控制飞控作动面。因此，根据应用场合选择最适合的电机拓扑和控制技术是设计的关键。图 4.18 显示了可供设计工程师使用的各种电机技术[21]。

图 4.18 中提到的永磁交流（PMAC）实际上是一个通用名称，涵盖了所有无刷永磁同步电动机（PMSM）技术，包括无刷直流和无刷交流电动机。本质上，无刷直流电动机和无刷交流电动机的硬件配置相同，但是它们引入了不同的供电波形，这可以通过在软件中修改控制方法来实现。永磁交流电动机具有高功率密度和效率、高扭矩 / 惯量和扭矩 / 体积比以及更高的可靠性。

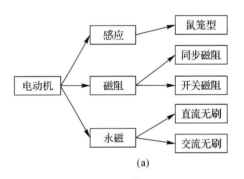

(a)

性　能	感应电动机	磁阻电动机	永磁交流电动机
容错	低	高	高
功率密度	中等	中等	高
鲁棒性	√	√	×
效率	中等	高	高
成本	低	低	高
速度范围宽	×	√	√
开环范围	√	√	√
闭环范围	√	√	√
转矩脉动	×	高	低
噪声	×	中等	低
应用领域	传感器	高温发动机	燃油泵传感器

(b)

图 4.18　电机技术和性能比较[21]

相对于转子永磁装置，可以采用多种方式利用永磁电动机。通常，表贴式永磁电动机的转子直径小且惯性低，因此具有良好的动态性能，而内置式永磁电动机则提供了更高的每单位电感量，因此具有弱磁能力。电动机容错设计通常将内部永磁体和单层集中绕组拓扑组合在一起，以最大程度地减小互感影响。

尽管公认的是，永磁交流电动机比磁阻电动机和感应电动机提供更高的转矩密度，但它们本质上容错性较低。在传统的永磁电动机拓扑中，由于磁感应产生的反电动势（emf）的持续存在，即使故障通道与电源断开，感应电流也可能在故障通道中流动。慎重选择参数可以使电动机避免此类故障。适当选择永磁电动机的电感和额定电流可确保电动机控制器故障引起的电动机端子短路不会对控制性能产生负面影响。简而言之，改进的永磁交流电动机可以提供最低执行要求的解决方案，但是与开关磁阻（SR）电机相比，其故障管理更加复杂。

从系统电气化的角度来看，永磁电机正在主导着最近的航空航天研究和开发工作，已在更多经认证的电动飞机上得到了广泛应用。由于子系统要求和改进标准的变化，最佳的电机相数可能因应用而异，而在实践中将基于总损耗要求而改变。为了提高系统容错能力，最好具有多个独立的单相驱动器或多个独立的三相驱动器。

电机多通道三相控制方法具有潜在的优势。在这种配置中，具有多组隔离的三相绕组的永磁电动机分别由独立的常规三相功率转换器驱动。图4.19显示了电机三相和模块化单相系统的电源开关数量和容错拓扑的总（kV·A）/kW效率比的比较。（kV·A）/kW比率表示用于固定功率输出的功率电子设备的数量。随着模块化单相系统模块数量的增加，容错驱动器的总体尺寸趋于减小，但组件数量却增加了。更高的模块数量将显示驱动器功率大小趋于稳定，但是模块数量却在不断增加。当电动机其中一相发生故障时，具有三相模块的电动机不会遭受不平衡的转矩突降，但是对于给定的相数，则需要更多的开关，这将导致功率器件的数量增加50%。注意，对于给定的功率输出，双三相系统具有最高的（kV·A）/kW效率比（因此是电机／功率变换器的尺寸），且使用的功率开关较少。

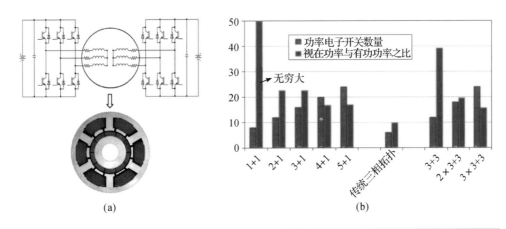

图 4.19 容错永磁交流电机配置示例和拓扑比较[21]

（a）双三相配置；（b）拓扑比较（模块化单相与多组三相）

尽管如此，由于以下原因，多个三相（例如双三相或三重三相）系统仍然是有利的：

（1）它们提供了具有最少数量的电源、处理器和滤波器且控制方案不太复杂的容错方案。

（2）它们充当电源上的平衡负载，从而降低了总谐波失真（THD）和电磁干扰（EMI）。

（3）电机的每相都会产生平稳的扭矩，因此，通常失去其中一相不会在系统中引入转矩波动或阻力扭矩。电机单相故障的补偿仅需要增加其他相的扭矩需求。

4.4.2　电力电子技术

航空电气应用需要电力电子设备，无论它们用于有功功率转换设备，在两种不同类型的电网之间切换功率和/或按比例放大（或降低）电压水平，还是在电动机驱动器中使用，都是利用速度/转矩或功率的一部分控制它们所连接的电气负载。要注意的是，电动机驱动器不仅对于飞机和发动机系统的电气化是必要的，而且在处理电力和混合动力推进时也是必需的。

电力电子领域是电动飞机的关键，所以电力电子技术也是电动飞机的一个巨大的挑战。因此，改善其关键指标（例如功率重量比、热容量、可靠性等），避免不利方面并获得电气化优势至关重要。

功率开关器件是电力电子设备的核心组件。新型宽禁带（WBG）半导体技术（晶体管和二极管）的最新发展使可调速电力驱动系统的效率、性能和功率密度大大提高。与它们的硅基（Si）版本相比，这些由氮化镓（GaN）或碳化硅（SiC）制成的器件具有更快的开关速度和更低的损耗，并且能够在更高的温度下工作。温度越高，放宽冷却要求越可能会减轻质量。然而，由于其较高的开关速度和电压过冲，当将宽禁带（WBG）器件用于机电转换环节的功率变换器时，必须格外小心，否则，EMI 问题可能导致额外的滤波要求。因此，必须将开关速度和过电压保持在合理的水平上，在损耗和 EMI 性能之间取得平衡。此外，电感和电机绕组对高开关速度的敏感性也是一个研究问题[22]。

例如，当使用 SiC 材料的 MOSFET 代替传统的硅基 IGBT 作为三相逆变器中的功率开关时，可以设计一个逆变器桥臂的功率模块，如图 4.20 所示。模块的每一侧均包括两个并联的 SiC MOSFET 管芯（S）、一个串联二极管（D_1）、一个续流二极管（D_2）和一个并联电阻（R）用于电流检测。使用一个这样的 SiC 开关模块，与基于 IGBT 器件的解决方案相比，逆变器级的开关损耗可以降低 60% 以上[23]。

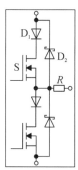
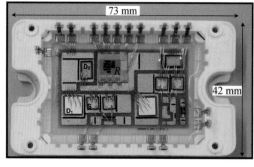

图 4.20　1 700 V/40 A SiC 逆变器桥臂的原理图和功率模块（内部视图）[23]

然而，在设计功率模块时，就坚固性和热性能而言，SiC 器件遇到的机械应力增加和导热性更高是必须考虑的因素。

智能功率模块（IPM）概念使模块集成更进一步，使栅极驱动器与功率晶体管实现了最佳集成（见图 4.21），优化了栅极驱动器电路，同时考虑了功率模块的寄生电感，并在可能的情况下将其最小化[24]。

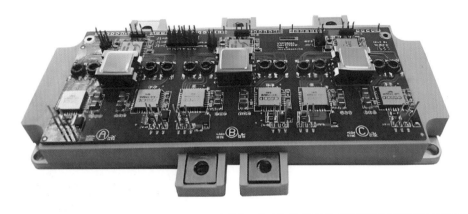

图 4.21　三相 1 200 V/100 A SiC MOSFET 逆变器智能功率模块（IPM）[24]

　　电源核心模块（PCM）专为作动系统设计，如主要飞行控制面、起落架和具有 540 V 直流电源母线的多电飞机电刹车系统，它是使电力电子设备小型化的一种关键方法[25]。

　　在 PCM 中，三相逆变器的 SiC 功率 MOSFET 和反并联二极管以及栅极驱动电阻都放置在陶瓷衬底并焊接到基板上（见图 4.22）。

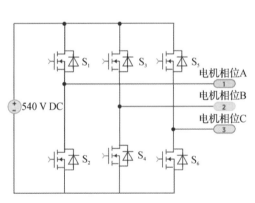

图 4.22　三相逆变器集成到 PCM 的电源基板组件中[25]

　　PCM 在功率器件和控制集成度方面取得了突破，然后将功率基板组件与控制器印刷电路板（PCB）（见图 4.23）集成在一起，后者又与栅极驱动器 PCB 接口。该控制板具有本地电源，用于给信号调理、通信、控制和信号处理的逻辑电路等供电。它与具有双面组件布局的驱动器 PCB 接口，并通过散热器、信号线和电源引脚连接到基板组件。

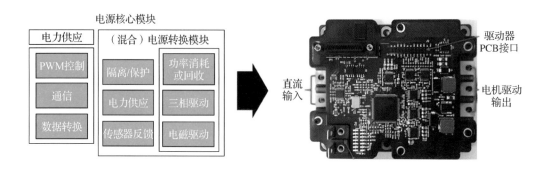

图 4.23 三相 1 200 V/5 kV·A SiC 逆变器 PCM（电源核心模块）[25]

此类电源核心模块（PCM）可直接用于执行器和电机控制器。

除了 SiC 二极管外，宽禁带（WBG）开关器件还无法达到最近通过认证的多电飞机的最佳效果。尽管如此，在宽禁带设备潜力的基础上，正在进行的研究正在积极针对其他组件（例如无源组件和材料）之上的电源模块进行优化。提高电力电子设备的集成度是提高电动机驱动器功率重量比的重要一步，电动机驱动器是电动飞机的关键设计标准。

图 4.24 显示了多电飞机上先进的硅基作动电机控制器的重量分解。当这些控制器由交流网络供电并且位于无增压区域时，它们的功率密度约为 1.5 kW/kg，而在有增压区域中安装 DC 电源并安装该控制器，该值可能会达到 3 kW/kg[26]。

图 4.25 提供了经过认证的飞机上的电动机控制器的一些示例以及电气化负载（例如飞行控制、发动机起动、ECS 等）的研究项目。

从图 4.24 的重量分解可以看出，存在优化的空间，可以设计多电飞机上急需的功率密集型控制器。例如，去掉 AC/DC 变换器并直接从 DC 网络中汲取功率，可以提高功率密度。集中式电机控制器将启用一种通用冷却技术，该技术可以量身定制，以解决控制器损耗与冷却需求之间的最佳平衡。另外，集成在执行器级别的远程电力电子设备也可以实现高功率密度值。

电力电子演示项目已经能够在集中式液冷版本中实现最高 5 kW/kg 的功率密度，而通过高压直流（HVDC）网络工作的电力电子的功率 – 重量目标则被设定为 16 kW/kg[26]。

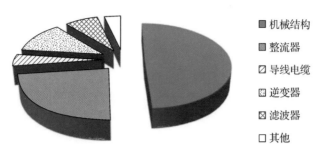

图 4.24　作动电机控制器的典型重量分解[26]

飞行控制(前缘缝翼)　　电动发动机起动/ECS　　电动发动机起动/ECS　　多功能模块化
230 V AC/25 kV · A(非增压)　±270 V DC/110 kW(增压)　±270 V DC/48 kV · A(增压)　±270 V DC/50 kW(增压)
远程(空客A350)[27]　　　远程(波音787)[28]　　　短程/支线[29]　　　短程[30]

图 4.25　电机控制器（认证和研究计划）

对于多电飞机和电动飞机，需要使用作为电动机驱动器和电源的高度可靠和高效的功率转换器。为了避免由于冷却要求而造成的质量损失，人们开始研究高功率密度和高温解决方案，使电力电子设备通用，以便它们可以共享、并行和重新配置，并且还可以承载多个应用程序软件包，这将有助于减轻由于控制器仅在飞行过程短时间运行而导致死重。模块化资源的这种共享实现了跨多个系统的动态电源管理，并提高了其功能可用性。

从飞机制造商的角度来看，出于以下因素的统筹考虑[33]（见图 4.26），这种用于功率转换和电动机驱动应用的集成模块化功率电子（IMPE）有助于提高系统功率密度：

（1）如果每个系统使用自身的电力电子设备，则无法优化系统的整体重量；

（2）系统瞬态运行会导致飞机全寿命内设备的死重增加；

（3）重构、冗余和双向操作提高了功能的"可用性"并优化了重量。

集成在电子设备舱中的电力电子模块（PEM）将受益于整体滤波和冷却机制。图 4.27 显示了它们的质量和体积收益。

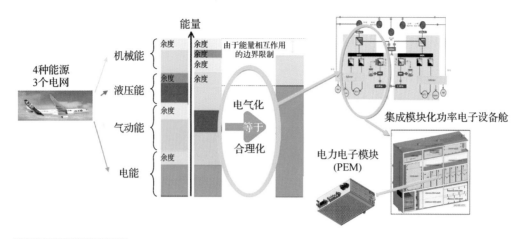

图 4.26　IMPE 的原理[33]

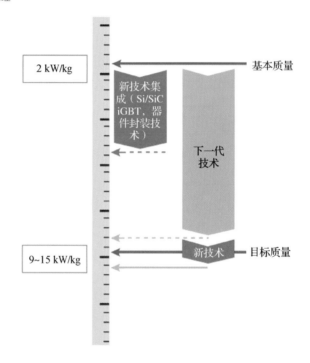

图 4.27　电力电子模块质量和体积收益[33]

4.5　结　　论

总而言之，从系统角度来看，以下领域为飞机制造商带来了多电和电动飞机技术挑战：

（1）减轻质量；

（2）通过电源管理优化架构；

　　　　　　　　　　　　　　　　　　电动飞机技术基础

（3）降低制造成本。

对于航空公司来说，电气化带来的好处是：

（1）减少燃油消耗和环境碳排放足迹（CO、NO$_x$、噪声）；

（2）提高效率；

（3）更高的系统部件可靠性和可维护性；

（4）增加飞机的可用性和可靠性；

（5）降低运营成本。

本章说明，尽管存在功率密度问题，但飞机电气化仍可优化飞机动力系统设计、制造和维护。它提高了整体系统性能及可用性。因此，操作可以变得更加灵活，系统可重新配置，并简化了地面维护操作，而流水线制造和零件装配线则为飞机制造商增加了价值。

结合大量成果展示，飞机和发动机系统电气化领域研究正在积极地进行，研究目的是提高相关技术成熟度。下一章将详细介绍作为飞机（无论飞机是全电动的还是仅是多电的）和发动机系统不可或缺的一部分——作动系统。

参 考 文 献

[1] Fehrm, B.,"Bjorn's Corner—Efficient Systems," Leeham News and Comment, February5, 2016, https://leehamnews.com/2016/02/05/bjorns-corner-efficient-systems/, accessedMarch 27, 2018.

[2] Herzog, J.,"Electrification of the Environmental Control System," Liebherr Aerospace,25th International Congress Of The Aeronautical Sciences (ICAS 2006), Hamburg, Germany, September 3-8, 2006.

[3] Martinez, I.,"Aircraft Environmental Control," September 24, 2013, ETSIAE-UPM,Spain, http://webserver.dmt.upm.es/ ～ isidoro/, accessed March 14, 2018.

[4] Galzin, G., Gomez, V., Mevenkamp, C., and Brunswig, H.,"Electrical Environmental Control System," Liebherr, Airbus, More Electric Aircraft Forum, European Power Electronics and

Applications Conference (EPE 2009), Barcelona, Spain, September 8-10, 2009.

[5]   https://www.liebherr.com/fr/bel/produits/aerospace-transportation-systems/aerospace/
      produits-et-solutions/syst%C3%A8me-d-air/syst%C3%A8mes-d-air.html#!/
      accordionstart-module=air-conditioning-acc-item-start-module, accessed March 17, 2018.

[6]   Liebherr Aerospace,"A319/A320/A321 Environmental Control System—
      Familiarization Training," Liebherr Aerospace, Revised: July 30, 2004, http://
      docplayer.net/21850013-A319-a320-a321-environmental-control-system.html,
      accessed March 16, 2018.

[7]   Airbus,"A320neo_details_belly" JPEG image, Airbus, http://www.airbus.com/search.
      image.html?tags=products-and-solutions%3Acommercial-aircraft/a320-family/
      a320neo&page=7, accessed March 17, 2018.

[8]   Brasseur, A., Leppert, W., and Pradille, A.,"Inside the 747-8 New Environmental
      Control System," Boeing, Liebherr, AERO Magazine Q1, 2012, published by Boeing.

[9]   Majeed, O.,"Aircraft Environmental Control Systems—A Presentation of Current
      Systems and New Developments," Specific Range Solutions, Carleton University
      AERO4003 Lecture, November 9, 2010, http://www.srs.aero/wordpress/wp-content/
      uploads/2010/11/AERO-4003-ECS-Lecture-Final.pdf, accessed March 14, 2018.

[10] Boeing,"air_force_one10_960x600" JPEG image, Boeing, https://www.boeing.com/
      defense/air-force-one/index.page#/gallery, accessed April 30, 2018.

[11] Image extract from "Liebherr—First Flight of Clean Sky/Airbus Flight Lab (Long
      Version)", YouTube video uploaded by Liebherr on July 28, 2016, https://www.
      youtube.com/watch?v=swB1cp5jRbw, accessed March 15 & 17, 2018.

[12] Liebherr,"liebherr-eecs-pack-copyright-liebherr-aerospace.jpg" JPEG image,
      Liebherr,https://www.liebherr.com/en/are/latest-news/news-press-releases/detail/
      electricalenvironmental-control-system-of-liebherr-successful-during-first-flight-of-
      clean-skyairbus-flight-lab.html#lightbox, accessed March 15, 2018.

[13] Althaus, A.,"Testing for the Dreamliner, Connection," The Lufthansa Technik Group
      Magazine, 6.2017, November and December 2017.

[14] Hunt, G. and Mandyck, J.,"Green Ideas Born To Fly™: How Weight, Design and Integrated Systems Drive Sustainable Aviation at United Technologies," United Technologies, Green Aviation White Paper 4, June 2017.

[15] Bower, G., The All Electric Boeing 787, GM-VOLT: Chevy Volt Electric Car Site, PostedMarch 30, 2012, http://gm-volt.com/tag/all-electric-boeing-787/, accessed March 16, 2018.

[16] https://www.quora.com/How-does-the-Boeing-787-pressurize#, accessed March 17, 2018.

[17] Image extract from "UTC Aerospace Systems delivers 100th CACTCS pack shipset for Boeing 787 Dreamliner", YouTube video uploaded by UTCAerospaceSystems on October 8, 2012, https://www.youtube.com/watch?v=FoHzONWixkM, accessed March 16, 2018.

[18] Dodt, T.,"Introducing the 787," Boeing, ISASI, Salt Lake City, UT, USA, September 12-15, 2011, http://www.ata-divisions.org/S_TD/pdf/other/IntroducingtheB-787.pdf, accessed March 16, 2018.

[19] Brooks, A., Cassissa, M., and Halls, S.,"GKN Technology—Leading the Way toward More Efficient Aircraft," GKN Aerospace, July 2014, http://studylib.net/doc/10747757/gkn-technology---leading-the-way-toward-more-efficient-ai...#, accessed May 1, 2018.

[20] https://www.ultra-pcs.com/app/uploads/2017/06/Brochure-Ice-Protection-Systems.pdf,accessed March 19, 2018.

[21] Cao, W., Mecrow, B.C., Atkinson, G. J., Bennett, J.W. et al.,"Overview of Electric Motor Technologies Used for More Electric Aircraft (MEA)," Aston University (UK), Newcastle University (UK), IEEE Transactions on Industrial Electronics 59, no. 9 (September 2012),https://www.researchgate.net/publication/224254344, accessed May 1, 2018.

[22] Dos Santos, V., Cougo, B., Roux, N., Sareni, B. et al., "Trade-Off between Losses and EMI Issues in Three-Phase SiC Inverters for Aircraft Applications," EMC 2017, International Conference, Washington, DC, August 2017, https://hal.archives-

ouvertes.fr/hal-01588886, Accessed April 4, 2018.

[23] Liebig, S., Nuber, M., Engstler, J., Engler, A. et al.,"Characterisation and Evaluation of 1700V SiC-MOSFET Modules for Use in an Active Power Filter in Aviation," Liebherr Elekronik and TU Chemnitz, International Conference for Power Electronics,Intelligent Motion, Power Quality and Energy Management (PCIM Europe), Nuremberg, Germany, May 8-10, 2012, https://www.researchgate.net/publication/272684505, accessed March 18, 2018.

[24] http://www.cissoid.com/news/sic-intelligent-power-modules.html, accessed March 18, 2018.

[25] O'Donnell, S., Debauche, J.-L., Wheeler, P., and Castellazzi, A., "Silicon Carbide MOSFETs in More Electric Aircraft Power Converters: The Performance and Reliability benefits over Silicon IGBTs for a specified Flight Mission Profile," Microsemi and University of Nottingham (UK), 18th European Conference on Power Electronics and Applications, Karlsruhe, Germany, September 5-9, 2016, http://eprints.nottingham.ac.uk/39658/, accessed April 9, 2018.

[26] Engler, A.,"Optimizing Power Electronic for More Electrical Aircraft—Liebherr enroute to More Electric Aircrafts," Liebherr Elektronik, IQPC 1st International More Electric Aircraft Conference, Hamburg, Germany, November 25-27, 2013.

[27] https://www.liebherr.com/shared/media/components/documents/control-technologyand-electronics/liebherr-electronics-for-aerospace.pdf, accessed March 18, 2018.

[28] http://www.aeroforgetooling.com/boeing-licensed-tooling/k24002-1, accessed March19, 2018.

[29] https://media.springernature.com/original/springer-static/image/art%3A10.1007%2Fs13272-017-0268-x/MediaObjects/13272_2017_268_Fig4_HTML.jpg, accessed May 1, 2018.

[30] Bensalah, T. and Thalin, P.,"Integrated Modular Power Electronics: Achievements and Challenges," Thales, MEA 2015 More Electric Aircraft Conference (3AF/SEE), Toulouse,France, February 3-5, 2015, OAI: www.see.asso.fr:10638:20104.

第 5 章

飞机系统电气化　第三部分

——从液压作动到电作动

CHAPTER FIVE

·电动飞机技术基础·

根据 SAE ARP4386 中的定义,作动器是指实现做功运行、能量耗散或收集流体以控制、移动或保持机械负载的作动系统组件。在航空航天领域,"作动器组件"通常定义为:集中式能源驱动机械负载的物理单元。

所有飞机都需要大量作动器来完成其飞行控制任务。它们中的一些旨在为非安全性关键功能(例如座椅倾斜)等提供小马力控制。因为这种由电气提供的作动装置已经开发了数十年,电动马达已被成功用作电气和机械领域之间的主要功率转换部件,所以此处不再讨论这种应用。然而,许多作动器功能需要较大功率,特别是在大扭力、低速场合或在一些重要飞行安全领域,例如用于飞行控制或起落架收放等。对于这种应用,基于液压能驱动的作动器,即所谓的传统作动器已广泛使用了60 多年。最初使用液压动力是因为它在功率驱动方面优于电动传动功率重量比,易于实现辅助功能,但近期电力电子和电机技术的巨大改进已经改变甚至扭转了这种公认的局面。

当切换到涉及信号和功率水平的多电技术上,通用技术术语"线传"在电气技术表述上常常不明确,例如,电传飞控操纵(FBW)实际上仅指通过飞行控制的电线进行的信号(或数据)传输。为了清楚起见,本章将讨论电传功率技术(PBW),该技术指通过电缆向作动器供电或传输功率,并可能允许再生能量回馈。

第 5.1 节介绍了功率传输和控制方面作动器的需求,第 5.2 节介绍了适用于任何类型电传功率作动器的一般注意事项,第 5.3 ~ 5.5 节着重介绍了用于更多电作动场景的特定解决方案,第 5.6 节介绍了在改善电传功率作动器方面仍然存在的技术挑战和潜在发展方向。

5.1 作动器对功率传输和控制的需求

根据飞机飞行阶段的不同,飞机作动器可能会从飞机集中式供配电网中汲取数百千瓦的电能。例如,在空客 A380 上,它们需要高达 350 kW 的功率,并由 4 个供电网络供电，总容量约为 850 kW（2 个液压网络，725 kW 发动机驱动泵 +127 kW 电动泵）和 910 kV·A（2 个电气网络，来自发动机的 600 kV·A 可变频率 + 来自辅助动力装置的 240 kV·A 固定频率 + 来自冲压空气涡轮机的 70 kV·A）。在工程实践中，作动器是飞机二次（非推进）能源动力系统的主要消耗者，其相对于动力产生和分配水平以及其运行特性，显著影响飞机的设计性能。因此，要解决作动系统的设计问题，就需要在飞机制造商甚至航空公司运营层面采用一种系统方法，而不是只关注作动器的组件设计。这是要牢记的关键概念所在。许多涉及电作动技术的研究和开发计划旨在通过简单选择电作动器替换传统的作动器，这些都证明了首先开始作动器需求分析是多么重要。实际上，如果将电作动机构用于最初设计常规作动机构的装置中，电气技术的全部优点就无法实现。特别地，大多数负载（例如飞行控制舵面或起落架）通过提供旋转自由度的铰链接头附接到飞机机身，然而，传统的作动器使用低成本的液压缸，通过可靠手段产生线性运动，再利用运动学机械结构将动力转化为旋转运动（通常为三连杆机构，作动筒产生可变长度的连杆）。表 5.1 总结了作动器设计时必须考虑的主要要求和约束条件。

表 5.1 的第一行主要关注产生和控制机械功率到负载的能力，必须关注到作动器设计需要考虑在最恶劣情况下的工作能力。大多数作动器通常在其平均额定速度和作用力的百分之几十左右的工作点工作运行。图 5.1 在短程飞机的襟翼作动中对此进行了说明。

表 5.1 适用于航空航天作动器的典型应用、要求和限制条件

主要应用领域		飞行控制：主飞行控制（PFC）、次级飞行控制（SFC）。 起落架（LG）：收放、舱门、闭锁、操控、刹车。 发动机：进气口导流片、反向推力、推力矢量、进气和排气控制
针对于作动器的要求和约束	控制类型	挡板到挡板：例如，LG 收放，公共设备，发动机反向推力、闭环速度或加速度很少变化的位置控制（例如飞控或起落架操控），力控制（例如制动）
	功率能力	最大行程：10 ~ 700 mm。 最大力：5 ~ 320 kN。 最高速度：20 ~ 500 mm/s。 适用于最坏情况，但主要在正常情况下运行

续表

不特别针对于作动器	操作类型	连续（整个飞行过程），例如主飞控系统瞬态（每次飞行只需几十秒或几分钟），例如辅助飞控或 LG 转向。 脉冲式（零点几秒至秒），例如 LG 闭锁
	应对失败（在作动器级别）	故障安全响应，取决于作动器的功能。 负载级别：释放、阻尼、冻结或停滞
	动力学	飞行指令对作动负载的带宽：1 ~ 15 Hz
	环境	温度、压力、湿度、振动、电磁场，例如 DO160 规定 [1]
	使用寿命（飞机级别）	几千个飞行小时（直升机、战斗机）至 15 万个（商业）飞行小时，超过 30 年的总服役时间
	可靠性	每飞行小时故障率低至 10^{-9}

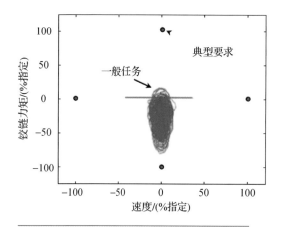

图 5.1 在飞行期间作动器所需的工作运行点示例 [1]

实际上，在作动器级别上还有其他重要需求，要求作动器具有特定的功率管理功能。不幸的是，这些需求在常规作动器中便可满足，故这些需求也常常被遗忘或并没有得到充分识别，但它们会显著影响到任何电动作动器的开发，因此这也是要记住的关键考虑因素。通常需要解决的主要问题如下：

（1）静态/动态过载保护。由于会出现负载惯性效应、飞机停靠时在飞行控制表面上产生的反向驱动气流或器件故障，过载保护旨在避免这些因素对作动器机械组件和结构施加过大的机械应力。

（2）后向驱动/位置保持。这里重要的是需要考虑辅助负载反向驱动作动器的能力。主飞行控制（PFC）和起落架（LG）扩展需要反向驱动，以便在牵引模式下可以自由落下或转向，或者仅用于维护目的（例如推力反向器）。通常，次级飞行控制（SFC）[如飞机缝翼、襟翼或可调整水平稳定器（THS）] 需要保持在一定位置。当多个作动器（或作动器通道）的力进行求和配置以驱动单个负载时，作动器（或通道）的反向驱动性是强制性的，以使其相对于驱动功能而言是被动式的。作动器位置保持是强制性的，用于对故障的冻结和锁定响应。

（3）冷却／加热。必须要考虑耗散掉作动器机构中由于能量损失所产生的热量，以避免作动机构零件过热。相反，在某些情况下还可能需要加热，以允许作动器在较低的环境温度下起动和运行，尤其是将其机械效率保持在可接受的范围内。

（4）软限位器或挡板。当移动机构在一个运行冲程结束，到达其硬止挡位时，止挡位上的震动可能会产生令作动器无法接受的机械应力，因此通常需要增加阻尼功能，以将运动机构的动能耗散为热量，而不是将载荷路径中的固体变形引起的能量耗散掉。从许多电传功率作动器开发中吸取的教训是：即使在主动模式下不会发生触底，也必须考虑使用软限位器加以限制。

（5）力均衡考虑。当多个作动器（或作动器通道）加力布置方式驱动单个负载时，作动器会相互竞争以定位或保持负载。尽管消耗了额外的动力并增加了内部机械负载，但在负载级别通常不会感觉到这一点。力均衡是通过平衡每个作动器（或通道）的作用力来避免不可接受的作用力干扰的。

（6）位置同步。在某些应用中，独立的负载必须在任何时候都以相同的位置移动，例如推力反向器的转盘，需要作动器在水平处进行位置同步。

（7）阻尼。作动器应耗散能量，以避免不可接受的振动（例如颤振或颤动）。仅在主动模式（主动阻尼）或被动模式下可能需要阻尼。

5.2　电传功率作动器设计的一般考虑

本节介绍了各种电传功率作动器设计所共有的电子零件。在确定并转换为作动器需求设计之后，作动器体系结构设计是一个主要阶段。但是，可以从以下不同的角度来解决体系结构：系统级别、工程活动、生命周期和技术领域等，这将在以下小节中讨论。

5.2.1　从管道液压动力到无液压的功率电传

当打算进行技术升级变更时，例如在航空航天作动器中，通常的做法是将新技术的自然优势与传统技术的固有缺点相对立。然而，数十年来，随着电传功率作动器的发展而获得的工程经验表明，忽视传统解决方案的自然优势以及新技术带来的问题不可避免地会导致失败的结果。为了避免这种情况，特别重要的是尽早确定要考虑的技术挑战以及应将开发工作重点放在何处。当将它们用于作动系统中的动力传输和控制时，液压和电气技术各自具有其自身的天然优缺点，表5.2总结了许多标准，其中灰色背景单元格指出了每种技术的主要自然优势。

表5.2　液压和电动作动技术的优缺点

能源技术	液压动力	电动力
能量传输原理	管道传输动力（需要传递工质）	电传功率（无流体工质传递）
功率控制原则	节流阀调节→按需速度和全部作用力消耗的功率	按需供电
功率密度（执行器级）	出色，高达10 kW/kg	低，因为存在减速器、机械装置、电源管理设备和电力电子设备的损耗
作动功率转换	气缸→低速，高力矩	电机→高速，低扭矩
作动功率传递到负载	直接（杠杆效应）	通过机械减速器
功率密度（功率网络水平）	较低，专用的网络用于作动，工质传输需要较大管道	高，供电功率网络可以共享
功率网络集成	困难，机舱空间禁止安装，管路半径弯折下限等	中等，要注意电气隔离、抗电磁干扰和高压产生局部放电效应
系统重构/功率管理	较差，由于工质传输原因，需要较强的隔离度，以确保可靠性	较高，开关器件和功率驱动电子电路
能量损失与负荷需求	永久泄漏（伺服阀）+主要取决于速度（节流阀）	主要依赖于作用力矩
能量损失的来源	内部泄漏、压力损失、摩擦	电力电子设备中的开关和换向损耗，电动机的铜和铁损耗，机械减速器中关节和轴承的摩擦损耗
散热	容易，通过流体返回油箱	困难，有环境温度、对流/辐射
刚度（外部负载下的开环运动）	以流体可压缩性为主导	强烈的反作用力和机械兼容性
定型加工	简单，在额定工作点+疲劳测试	困难，来自任务包线+疲劳测试
停止时阻尼	轻松完成	通过控制或特定的机械设备

续表

能源技术	液压动力	电动力
堵塞时钝化	轻松，通过作动器室旁路阀实现	困难，由于反向驱动模式下的摩擦和反作用力的电机惯性，因此在电气水平上很难实现
防止过载保护	简单，通过泄压阀可以实现	困难，如果以当前功率水平运行，可能需要扭矩限制器
作动器惯量反映在负载水平	极好，负载惯量的百分之几或10%（低质量的活塞杆直接驱动）	较差，由于高减速比，大约100%～1 000%的负载惯量
控制设计	由专家经验，非线性行为分析和温度敏感检测进行设计	简单，众所周知的线性行为，主要是固有的内部控制回路（电流、速度）
成本	较高，高精度、高加工度但成熟的工艺，增材制造的潜力	精度高但随着生产率的提高而降低
保养维护	成本高，由于传输工质（储备、净化、过滤、排气、充注、温度管理）	通过机内自检测实现低成本，简单的维护
改善的潜力	中等	高，部署刚刚开始
环境友好	激进，由于液压油的使用	环境良好
服务周期	长（超过60年的发展）	通过服务时间累积来增加

注：不考虑不平衡面积的液压作动筒或液压马达的情况和场景。

针对电传功率和无液压作动器的开发并投入使用的概念已经逐渐出现，可以参见表5.3，其打算消除液压技术的弊端（如液压网路的复杂性、节流控制功率的波动性、液压油的不良环境性），同时充分利用多电技术，使其成熟。图5.2的上半部分显示了已被广泛使用60多年的传统作动器设计的示意图，即液压伺服作动器或HSA[表5.3的概念a）]。液压作动器从中央网络以恒定压力液压油供应各个作动器，功率控制包括通过在计量阀上节流控制（例如伺服阀的功率级）来消耗所有超过驱动负载所需的供应压力。虽然该解决方案效率低，特别是仅在部分负载运行时情况更严重，但其具有出色的动态响应。

在概念b）中，用于操纵飞机高升力装置的阀控式固定排量液压马达已被磁轭控制的可变排量液压马达代替。这种设计是在空客A380功率控制单元（PCU）上引入的，它在高效率前提下提供了广泛的操作运行点（低力矩时的高速度以及低速时的高力矩）。但是，作动器必须保持以恒定压力供给液压能。概念 c）适用于涉及液压筒的作动器，例如，用于主飞行控制系统。从液压网络以恒定压力产生液压动力，该压力尽可能地接近作动需求，也称为"区域液压动力"。因此，其可以保持负载的直接驱动，具有较低的反作用机械惯性和简单的功率管理功能。尽管该解决方案已在 20 世纪 70 年代后期作为备用功率源进行了测试，以提高战斗机的生存能力，但它已经作为局部电动液压发电系统（LEHGS）投入空客 A380 中使用。然而，该作动器本身仍然是由液压供应和阀门控制的。

通过引入电动静液压作动器（EHA）实现了重大的技术进步，如图 5.2 中间所示，在表 5.3 中为概念 d）。在本设计中，电机控制器［MCE，也称为电机功率驱动（MPD）单元或电机驱动电子电路（PDE）］测量从飞机电网传输到电动机的电功率。该电动机驱动一个正行程泵，该正行程泵连接到液压作动筒上以形成静液压回路。尽管此设计涉及许多功率变换器，但在传输到负载方面以及在辅助功能的电源管理方面，它都充分利用了液压伺服作动器（HSA）的优势。彻底去除动力传输的液压油则需要机电作动器（EMA），如图 5.2 的底部所示，并在表 5.3 中作为概念 e）显示。在这种设计中，电动机轴直接驱动负载，或通过机械传动来驱动负载，例如，机械传动包括齿轮减速器和动力螺杆机构。引入电动静液压作动器不但消除了液压技术的所有缺点，但也消除了有关功率管理、反作用惯量和冷却能力的所有特定优点。

表 5.3 向液压功率驱动的发展

	概　念	线控电源	按需供电	液压量少
a)	液压伺服作动器，恒压液压供应			
b)	位移控制，恒压液压供应		×	
c)	本地电动液压发电，交流或直流电源	×		
d)	电动静液压作动器，交流或直流电源	×	×	
e)	机电作动器，交流或直流电源	×	×	×

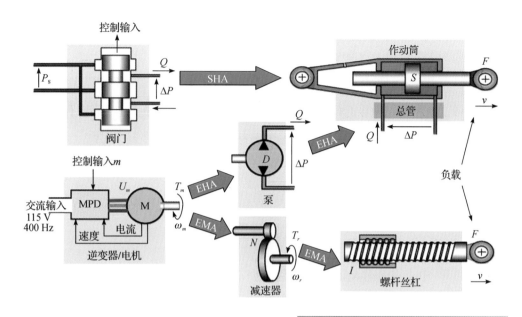

图 5.2 航空航天器中线性作动器的主要类型[2]

5.2.2 电传功率作动器与飞机电气系统的接口

应用于具有高功率密度闭环控制作动器的大多数电机电子控制技术都是通过直流电源供电运行的。由于在飞机上 115 V 交流电压和近期发展的 230 V 交流电压通常通过三相交流网络分配电力，因此电传功率作动器需要附加的电功率接口装置才能连接到飞机电源系统（见图 5.3）。在采用无源或有源（通常称为功率因数校正）整流技术之后，在本地构建高功率和恒压直流电源，从而形成直流母线。由于整流变换器功率不可逆，因此必须局部消耗在辅助驱动负载时产生的再生能量，这是通过将制动电阻连接到基于斩波器的"电力电子电路"来实现的。控制斩波器以限制直流母线电压的增加是由再生电流对直流母线的电容器进行充电产生的。此外，在作动器直流电源起动工作时，还需要一个起动限流电阻来限制对线路电容器充电时产生的浪涌电流，而安装滤波器则可以确保系统电磁兼容性，并改善功率因数、电能质量和供电网络稳定性。实际上，与传统的作动器相比，在飞机电源和电动机之间所需的所有电力电子器件仍然对作动器的质量（对于功率电子设备来说通常为 1 ～ 2 kg/kW）和几何尺寸造成很大的代偿损失。

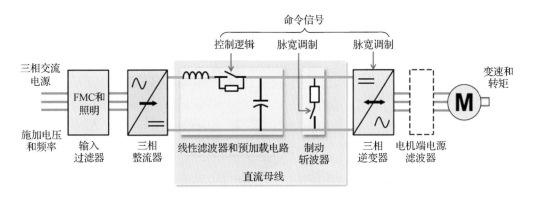

图5.3 考虑到电功率的电传功率作动器的架构示例[3]

5.2.3 电传功率作动器的功率控制

在有刷电动机中，转子绕组的有源线圈通过机械换向器对转子／定子位置角进行机械切换，但机械换向器也带来了严重的缺点，使得有刷电机的使用大大减少。

（1）电刷和换向器之间的火花会产生电压降和磨损，并可能导致可燃物质着火或爆炸；

（2）因为换向器由铜绕组和硅钢叠片组成，所以转子的惯性很高；

（3）电机外壳会阻止转子电磁损耗和周围空气之间的热交换。

相反，永磁无刷电动机的绕组位于电动机机壳上，而永磁体则由转子固定，这样就减少了转子惯性，并且电机热量排散到环境空气的效率更高。然而，这些电动机需要根据转子／机壳位置角的信息去控制有源线圈对应的电子开关。这可以通过功率晶体管执行的功率测量功能轻松实现，该功率晶体管可以根据此附加输入反馈信息进行驱动控制。因此大多数应用的是三相无刷电动机，各相线圈采用的是星形连接。

与传统解决方案相比，电传功率利用了不存在传递功质来进行动力传输的优势。功率晶体管（例如 MOSFET 或 IGBT）用作固态开关，可以在高频率下运行（在10～20 kHz 范围内，通常 IGBT 技术应用于航空航天电驱动中），通过控制直流电来测量直流电源和电机绕组之间的功率，通常通过脉宽调制（PWM）技术来控制晶体管的导通和截止时间。依据电作动器和电机的控制策略，它包括了作用于占空比、导通时间与总开关周期之间的比率（见图5.4）。在电传功率作动器中，"按需"

电动飞机技术基础

从直流电源获取功率：功率测量没有功能性功率损耗。因此，功率电子器件可以看作恒定直流电源和电机绕组之间的调制功率转换器，由占空比 *m* 控制。在主功率电路中，由于导通和开关切换而产生的能量损耗非常小，就效率而言，这是相对于传统解决方案的真正优势，在传统解决方案中，为"最大力矩"而汲取功率。

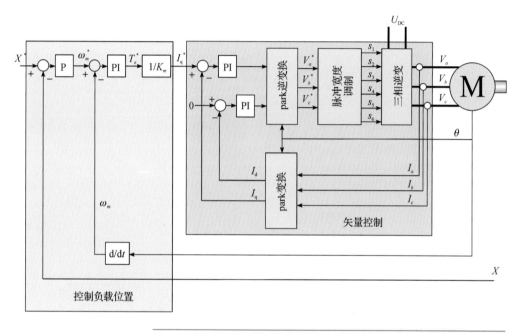

图 5.4　有关控制和功率测量的电传动率作动器架构示例（不考虑饱和情况）[3]

功率晶体管成对运行，以形成专用于电动机各相的换向桥臂。在给定的变换器桥臂内，只有一个晶体管在给定时间内导通。电机相电流根据脉冲调制电压的平均值稳定下来，这归功于电机绕组的时间常数产生的低通滤波效应。从功能实现角度来看，电机控制电路（MCE）的 3 个桥臂受到控制，以便与转子 / 机壳位置角同步，以在电动机上产生三相正弦电压（逆变器功能），同时既可以通过离散的霍尔效应传感器（具有梯形反电动势的无刷直流电机或通过六步阶梯波接近正弦波 BLDC 电动机）来测量该位置，也可以通过旋转变压器或线性霍尔效应传感器（具有正弦反电动势的永磁同步电机）来测量该位置。当不需要电动机以低转速或高精度运行时，也可以使用无传感器控制策略进行速度控制。直流电源产生的 3 个电动机线电压的频率与电动机运行的频率成正比，即电动机速度乘以转子的极对数，例如，具有 4 个极对数的电动机在 12 000 r/min 时为 800 Hz，而控制正弦电压和转子 / 定子位置角之间的相位滞后角则可提供另一个控制自由度。与标量控制相对应，所谓的磁场定向控制（FOC）可以通过弱磁控制来最大程度地将电流转换成转矩，甚至扩展速度范围（依据转矩大小）。

与电子换向相关的无刷直流或永磁同步电动机在总体上表现为直流电动机。可以通过以下两个方程在功能级上以简化的方式对电机进行建模：

发动机：

$$\left.\begin{array}{l} U_m = K_m\omega_m \\ T_m = K_mI \end{array}\right\} \tag{5.1}$$

电力电子：

$$\left.\begin{array}{l} U_m = mU_{DC} \\ mI_m = I_{DC} \end{array}\right\}, \quad m \in \left[\,-1,+1\,\right] \tag{5.2}$$

上式具有时间变量，I_m 为供应给 DC 电动机的电流，m 为调制系数，T_m 为电动机轴上的转矩负载，U_m 为施加于 DC 电动机的电压，ω_m 为转子 / 定子相对角速度和参数，K_m 为等效直流电动机常数。

电动机可以看作电功率和机械功率之间比率 K_m 的电力变换器。因此，仅考虑其功能作用时，电驱动器的整体功率转换可以表示为

$$\left.\begin{array}{l} \omega_m = mU_{DC}/K_m \\ T_m = \dfrac{1}{m}I_{DC} \end{array}\right\} \tag{5.3}$$

电机的绕组电阻和电感、转子惯性和机械摩擦表现出寄生效应。电阻在电动机绕组上产生铜损，而铁损（磁滞和涡流损耗）表示为它们的等效摩擦转矩。电力电子变换器不仅在每个导通管子上都存在损耗（二极管和晶体管的开关损耗和导通损耗），而且在整流器和滤波器上也存在损耗（例如电容器的漏电流和等效电阻）。

电机驱动的位置控制已是成熟技术，如图 5.4 所示。电驱控制通常涉及一个包含 3 个嵌套控制环路的控制器：

（1）外环执行位置控制，其典型带宽为几赫兹。为了精确起见，它通常使用一个位置传感器，该位置传感器测量作动器杆到机壳的相对位置。

（2）中间环路以 100 Hz 带宽实现速度控制，并为电机位置控制提供主动阻尼。在无刷直流电机中，由于存在着用于电力电子开关控制的转子位置传感器，因此可能不需要专用传感器。电机传感器信号的频率与转子 / 定子角速度成正比。

（3）内环负责控制电流（固定电磁转矩），其典型带宽为 1 kHz。在电机位置控制功能的时间尺度上，内环控制使电动机表现为电磁转矩的引导控制源。转矩控制环路通常执行磁场定向控制，以最大程度地将电流转化为电磁转矩。这通常涉及两个电流控制环路，分别用于直轴电流（I_d）和交轴（I_q）电流，如图 5.4 所示。实际电流是根据电动机三相电流和电动机转子相对于电机机壳的位置角度计算得出的。

通常，在不同的控制环路中使用常规的比例积分（PI）控制器可以获得所需的性能指标。但是当考虑电动机和流体静力学的动态特性时，电静液压作动器（EHA）的位置控制可能面临更大的挑战。控制环路设定值的速度和电流限制（分别为 ω_m^* 和 I_q^*）以简单的方式实现了超速和过电流保护（相当于限制了电磁转矩）。

5.2.4 可靠性

与功能失效相关的风险（或关键条件）是通过故障后果（严重性）发生的频率和无法检测故障能力的组合来进行量化的。因此，关键安全功能丧失的概率必须达到极低的水平（例如，对于给定的技术根本原因，每 10 亿飞行小时发生 1 次事件）。要达到预期的可靠性水平，第一个解决方案是使用较大的安全裕度，以避免系统或部件在使用寿命内（安全寿命）发生故障。然而，该解决方案通常是不够的或不能满足质量和飞行包络目标。因此，最常见的解决方案包括通过安装多个作动器通道以执行同一功能来实现冗余设计，例如：两个通道同时处于工作运行状态（工作－工作），或者两个通道仅有一个处于运行状态（工作－待机）。在冗余设计中，必须特别注意对给定通道的故障响应，该作动器通道必须针对其余正常通道进行故障防护。根据冗余概念，作动系统的故障通道或非运行通道必须具有下列功能：

（1）当产生的力或扭矩取消时，将导致性能下降。例如，当两个小齿轮啮合在单个齿轮上时，通常适用于力或扭矩求和的冗余布置。

（2）当通道输出运动强制为空时，将失效停止。这通常适用于速度求和冗余配置，例如，采用行星齿轮组实施作动。

（3）当产生与运动相反的力时，故障将减弱。例如，对于起落架系统，这适用于振动（转向功能）或自由下落（延伸运动）。

（4）当到达预定位置时（例如，燃油计量或发动机控制装置的进气导引叶片），失效解除或失效锁定。

可能会影响电传功率作动器电源部分的主要故障情况是：电机绕组上的电气组件开路或短路、机械传动装置损坏或卡死，或者对功率半导体器件的控制命令无响应。电传功率作动器零件的故障率每飞行小时在 $10^{-4} \sim 10^{-6}$ 的范围内。尽管与安全关键型应用程序的可靠性要求不一致，但这却构成了包括单个功率通道的单一型架构。虽然已经对冗余电力电子设备和电动机进行了深入研究，但其通常是在复式架构中安装至少两个独立的功率通道来实现相应可靠性水平提高的。图 5.5 所示为几种实现此冗余的候选拓扑架构。

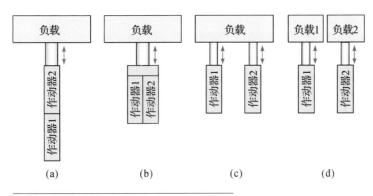

图5.5　具有两个冗余作动通道的主要通用拓扑[3]

(a) 每个负载一个串联作动器；(b) 每个负载一个并联作动器；

(c) 每个负载两个单作动器；(d) 每个负载一个单作动器

电传功率为电气元件的冗余提供了有吸引力的补充或替代方案。这来自计算能力、数据存储、通信和已安装用于控制电源的传感器。它们提供了实施健康运行情况监测（HUM）或故障预测健康管理（PHM）的机会。运行情况监控包括记录代表有效使用以及作动器及其元件在其当前使用寿命中累积损坏的数据。健康监控包括检查作动器功能的正确实现、检测不允许的变化（故障检测）、确定故障的类型和位置（故障诊断或隔离）以及预测故障的发展（故障预测）以估计剩余使用寿命（RUL）。一种完善的方法包括通过机内自检测（BIT）实施诊断功能，该功能可以在系统上电时或连续运行时检测和隔离部件故障。

　电动飞机技术基础

5.2.5 电传功率作动器的集成和相互作用

与作动器集成相关的许多考虑因素决定了其设计选择：环境（例如热环境、电磁干扰和振动）、安装空间、维护要求等。功率控制电子设备可以与电动机分离，并位于暴露较少的区域，就像在波音787上的电作动器一样。这需要较长的功率传输电缆才能连接到电动机，从而会引入寄生效应。因此，由于大电流的高频斩波，线路寄生电感和电容以及电磁辐射需要增加额外的滤波器和屏蔽措施。将功率控制电子器件放置在作动器附近甚至其内部可以消除这些缺点，但会使环境约束更加严峻。飞机副翼或扰流板作动器的情况很好地说明了这一点，该作动器在着陆模式下暴露于机场雷达和交通产生的高强度辐射场（HIRF）。这种类型的集成可能还需要专用进气口，以通过强制风冷对流改善作动器的冷却效果，这在安装副翼的空客 A350 的下机翼上可以看出。功率控制电子器件与电动机的分离可以通过几何约束来驱动，例如对于具有较薄机翼后缘的新型飞机。

图 5.6 总结了作动器集成的候选架构。在可能的情况下，使电力电子设备相互通用可带来质量和体积方面的显著优势。在第

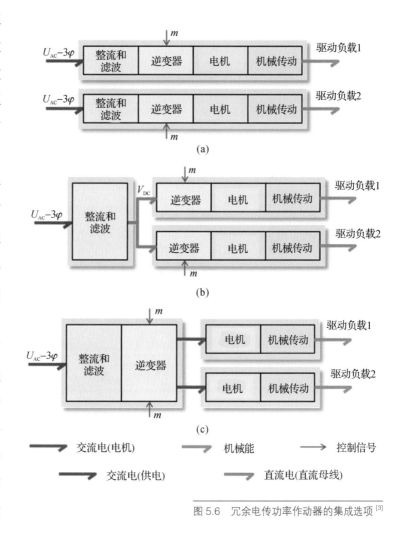

图 5.6 冗余电传功率作动器的集成选项 [3]

一种解决方案（a）中，每个作动器都具有自己的整流和滤波单元、功率电子器件、电动机以及对负载的功率转换装置。设计（b）使作动器之间电源的直流母线互换，从而有可能在辅助负载下进行再生回馈以减小电源尺寸以及整流和滤波组件。进一步的集成（c）还将逆变器集成在同一机体外壳中，并具有整流和滤波功能。因此，电磁干扰（EMI）保护和冷却也可以同时实现，甚至在逆变器级别的一些预防措施，也应谨慎地缓和使用（例如特定电流限制）。若依次使用这些功率控制电子设备，则它们可能在电动机之间共享，例如，可用于作动起落架收放系统（LGERS）中的舱门、锁紧装置和支架上。

电子设备的集成因已经获得了丰富的工程经验而变得可靠。这种封装集成必须确保电路信号板、电源板和外部环境之间的机械、电气、电磁和热隔离。除了电动机绕组的温度外，还应连续监测电力电子设备的温度。传输大功率电流的电缆必须用母线汇流条代替，功率传输路径必须尽可能短，而对于高压线路，应通过有效设计加以缓解（例如导体之间的有效距离），以避免局部放电。

5.3　产生用于作动的本地液压功率

空客 A380 配备了 3 个电动液压发电系统（LEHGS）（见图 5.7），它们为飞机电网提供液压动力的备用资源，以提供起落架的转向和制动功能。其结合了：

图 5.7　空客 A380 的 3 个电动液压发电系统（LEHGS）之一（改编自参考文献 [4] 的原始图像）

　　　　　　　　　　　　　　　　　　　　　　　电动飞机技术基础

（1）配有液位指示器 [线性差动变压器（LVDT）] 的液压油箱（9 L）；

（2）电动泵（电输入功率为 9 kW），它结合了无刷直流电机和可变速度（最高 15 000 r/min）驱动的固定排量轴向柱塞泵（1 cm³/r）；

（3）配备液压流体调节和功率管理功能的歧管；

（4）由三相 115 V 交流电网络提供的电子控制单元（ECU）（图中未显示）。它可以控制电动机，使相关集中式网络的高压蓄能器保持充电状态，同时还负责状态监测并与制动和转向控制计算机进行数据交换。

5.4 电动静液压作动器

5.4.1 功能和架构视图

如图 5.8 所示，电动静液压作动机构通过静液压回路和液压缸（有时是电动机）将机械动力从电机轴传递到驱动负载。液压歧管插入回路中以集成功率管理功能，这是因为它们在液压领域很容易实现。从电机轴到驱动负载的静液压动力传递在功能上起到了完美的动力转换的作用。在实践中，功率转换（从旋转机械到液压机械，然后从液压机械到平移机械）受到能量损耗的影响，这些不完美损耗会导致能量损失（压力损失、内部泄漏和摩擦）和动态影响（流体体积的液压容量、泵轴的惯性以及气缸杆的质量）。

在航空航天领域，首批电动静液压作动器（EHA）在 20 世纪 30 年代后期投入使用，首先用于炮塔控制，然后在 20 世纪 50 年代应用于飞行控制。由于那时没有可靠且轻便的功率电子设备，因此采用了可变排量（VD）概念。在这种设计中，交流电动机直接连接到飞机电网，电动泵以恒定速度驱动，并且通过对泵排量的作用来控制传递到负载的机械功率。

尽管在 20 世纪 80 年代和 20 世纪 90 年代再次对 VD 概念进行了评估，但其却被抛弃了，它被替换成了具有更高效率和可靠性的固定排量（FD）概念。EHA-FD 使用固定排量泵，该排量泵由高性能电驱动器变速驱动。如第 5.2.3 节所述，通过调制比 m 的作用来测量直流电源和驱动负载之间的功率转换。图 5.8 说明了安装在空客 A380 上的 EHA-FD 的功率和信号架构。电机指令电子设备实现速度和电流环路控制，以驱动电机功率电路（MPE）。作动器的位置环由飞行控制计算机（FCC）

执行。它们使用作动杆伸出位置信号来计算电动机中传递给电子装置的速度命令，在电动机控制电子装置（MCE）、电动机功率电路（MPE）和液压歧管级别上管理功率。MPE 还负责从交流电源产生本地直流电压母线（见图 5.3）。

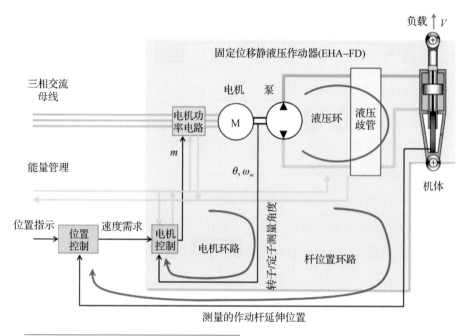

图 5.8　固定位移 EHA 的功率和信号控制架构[3]

5.4.2　使用中的 EHA

经过近 20 年的技术成熟度提升，EHA-FD 已投入商业服务。这是以使用 EHA-FD 概念进行后备驱动的空中客车 A380 双层商用飞机开始服役（EIS）（2007）为标志启动的。将具有电动液压发电系统的起落架、电动推力反向作动系统(ETRAS)和 EHA/ 电子后备液压作动器（EBHA）相结合，空中客车 A380 通过其所有具有电子信号和动力组合的作动装置实现了商业飞行，这是世界首创。这需要对涉及两个液压和两个电气通道（2H-2E 体系结构）而不是完善的 3 个液压通道的二次能源网络进行升级改变。空中客车 A380 在其 43 个飞行控制作动器中，使用 8 个单工 EHA 和 8 个 EBHA，其最大压力为 350 bar（1 bar=100 kPa）。MCE 像其他液压伺服作动器（HAS）一样，由飞控计算机（FCC）发出指令：指令信号代表速度需求，而位置控制回路在 FCC 中实现。EBHA 通过在单个物理单元中集成元素来提供混合冗余，

　　　　　　　　　　　　　　　电动飞机技术基础

这些部件既可以在正常模式下作为 HSA 运行，也可以在备用模式下作为 EHA 运行（见图 5.2）。模式选择阀插入作动筒的上游，以选择是通过 HSA 伺服阀控制端口还是通过 EHA 泵端口进行供给。EHA 和 EBHA 将 MCE 集成在作动器物理单元中。欧洲制造商后来在其 A400 军用运输机（见图 5.9）（EIS 2013，2013 年服役，EHA/EBHA）和 A350 宽体商用飞机（EIS 2015，2015 年投入使用）上采用了类似的架构和设计方法。通过嵌入 A380 的 EHA/EBHA 作动器中的电子设备获得了信心，这使得设计人员还可以在作动器上实现位置闭环控制。

自 2007 年以来，EHA 和 EBHA 技术被其他飞机制造商使用。洛克希德·马丁公司已经完全取消了 F-35 联合打击战斗机的主要飞行控制的集中式液压动力网络。电动静液压作动系统涉及 6 个 EHA，最大工作压力为 350 bar。飞机每个方向舵为单缸 EHA，每个襟翼或升降舵为双串联冗余 EHA（见图 5.10）。后者的作动器集成了两个动力通道，可将电力转换为液压动力，以总流量配置为单个作动筒提供动力。Gulfstream G650 公务飞机（EIS 2012，2012 年投入使用）涉及 7 个 EBHA，最大工作压力为 210 bar，用于

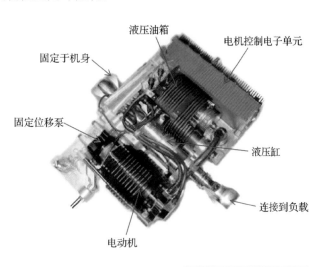

图 5.9　空客 A400M EHA[3]

图 5.10　洛克希德 F-35 联合打击战斗机[3] 的襟副翼的双串联 EHA

驾驶升降舵、方向舵、副翼和舷外扰流板。即将面世的 Embraer KC390 将使用 6 个 EHA 进行主要飞行控制，最大压力为 280 bar，其中 4 个为双串联类型。

EHA 液压回路的示例在图 5.11 中给出。主要的动力传输和控制功能由①~④元件来确保。电动机驱动电力电子部件①计量从飞机中央交流电网输送到无刷电动机②的功率。电动机驱动与固定位移泵③连接的作动筒④形成静液压回路。众多其他元件可用于功率管理和液压流体调节功能。重新进料阀⑤可防止液压油管路排气或气蚀。卸压阀⑥可以防止过大的压力，以及由于进油回路的存在而产生的过大的作动力。主动或阻尼操作模式由电磁模式选择器阀⑦进行电气控制。通过在两个作动筒的旁路连接中插入限流器⑧，可以实现被动模式的阻尼，例如避免部件抖动。元件⑨负责液压流体调节。液压油的清洁度通过安装在泵排泄管路上的过滤器⑨^{1}避免内部液压油泄漏而确保洁净。液压气动蓄能器⑨^{2}进行流体储备和压力充注。电磁阀⑨^{3}使作动器可以根据需要从中央液压动力网路重新注满。在维护之前，手动操作的阀⑨^{4}用于使作动机构实现减压。传感器安装用于闭环控制、功率管理和状态监视。泵的内部泄漏回路用于建立永久流动机制，有利于散热到周围环境。它通常会吸收泵和电动机产生的热量，然后返回蓄能器。静液压回路通过从油箱中提取的相应流量来保持油量充满，该液压油箱通过进油阀门向其低压管线供油。该冷却回路通过利用与周围空气接触的作动器表面来使执行器温度分布均匀化。其翅片结构和黑色涂料用于增加对流和辐射热通量。

5.4.3 EHA 广泛使用的主要问题

自 20 世纪 70 年代中期以来，通过许多研究项目开发了 EHA-FD 固定位移的电液作动器，但各自的目标不同：在欧洲，是为了取消远程商用飞机中的重型集中式液压动力网络；在美国，是为了减少系统脆弱性，同时促进战斗机在作战区域的维护。从这些研究计划中得到了如下经验教训：

（1）热平衡是一个主要问题，因为作动机构的能量损失所产生的热量必须局部耗散掉。这突出了作动器集成的重要性，特别是将其限制在飞机的翼梁和翼肋之间时。另外，还指出了飞机飞行任务包线的影响，因为导通损耗与传递给负载作动力的均方根（RMS）成正比。

（2）静液压回路的流体力学刚度必须保持足够高，以通过足够的阻尼来限制负载干扰。因此，液压回路必须在约 10 bar 压力下进行恒定注油，以防止排气或气蚀。

（3）对于诸如商用飞机之类的长寿命应用场合，不能严格避免气缸杆密封件的外部泄漏。可以通过适当调整注油储存器的尺寸来补偿这种泄漏，但这样会大大增加注油存储器的尺寸和质量。

（4）电动静液压作动器（EHA）和液压伺服作动器（HSA）具有不同的静态和动态特性，特别是在抑制负载干扰方面，控制回路并未完全消除它们的差别。当EHA 和 HSA 同时驱动相同的负载（主动/主动配置）时，它们会相互竞争以达到自己的设定位置。由于这会产生很大的内部负载和功耗，因此在控制器中实施力的均衡策略可以显著提高其内在性能，而不会降低作动通道的隔离性能和独立性。

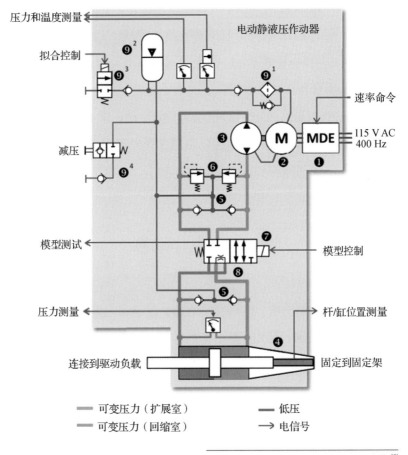

图 5.11　在 EHA 中以液压方式执行功能 [3]

实际上，EHA 作动泵一直在非常苛刻的条件下运行，这会缩短其使用寿命。首先，它必须在 4 个功率象限中工作，例如，在 ±350 bar 可变压力和 ±10 000 r/min 转速之间运行。其次，它通常必须长时间地在几乎达到零速时保持高力矩，例如，对于飞机副翼驱动控制，其中所需的平均力为失速力的 20%～30%（见图 5.1）。在这些条件下，由泵输送到作动筒的流量 Q 可以忽略不计，而产生的压差 ΔP 却很高。因此，泵在高压下以极低的速度旋转（例如 1 r/s），以补偿其端口处的内部泄漏，从而降低润滑质量。再次，速度和压力可以快速变化，例如，在阶跃响应期间在 0.3 s 内转速从 100 r/min 变为 10 000 r/min，然后再次变化为 100 r/min。这会引起强烈的惯性作用，并部分破坏润滑膜。这是 EHA 至今仍无法满足商用飞机在前端主飞行控制（正常模式）的使用寿命要求的主要原因之一。

在许多飞机上，EHA 被用作作动装置的备用部件，并通过传统的 HSA 进行作动力的叠加配置。尽管 EHA 大部分时间都在待机模式下运行，但其设计仍存在一些特殊问题。首先，在待机模式下，EHA 温度可能会降至极低的值。在这些条件下，液压流体的黏度急剧增加，在电机的转子／定子间隙中产生巨大的剪切力，并在液压泵一级增加了气蚀的风险。这些会强烈影响 EHA 在正常 HAS 作动器失控的情况下从被动模式切换到主动模式时迅速接管负载定位功能的能力。其次，当 EHA 受普通 HSA 反向驱动时，液压杆的动态密封件连续工作。第三，无论 EHA 是否激活，嵌入式电机控制单元（MCE）每次飞行都会经历压力和温度循环的考验。

5.5　机电作动器

5.5.1　功能和架构方面

在机电作动器（EMA）中，电动作动器和负载之间的机械动力交换是通过各种机械方式实现的，如图 5.12 所示。

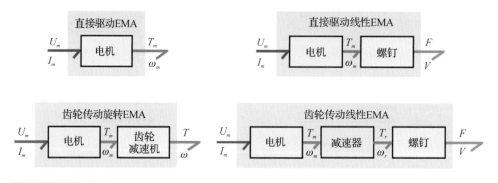

图 5.12　机电作动器的通用类型[3]

（1）电机轴直接连接到负载。如前所述，负载通常要求高力矩和低速度，而电动作动器的质量相对于其额定输出扭矩却急剧增加。因此，直接从电动机轴驱动负载作动器的质量和功率包络分配是远远不够的。

（2）使用旋转到线性的机械变换作为减速器。对需要进行线性运动的作动器而言，螺旋机构结合旋转／平移提供了良好的解决方案来变换和降低速度（例如，对于 1 m 的导程，0.25 m/s 的转速为 1 570 r/min）。尽管具有减速效果，但当仅涉及螺旋机构的线性 EMA 时，仍被称为直接驱动（线性）EMA。

（3）将中间减速器用于线性 EMA。螺旋机构提供的减速通常不足以达到作动器的质量目标，因此在电动机轴和螺母系统的旋转元件之间插入一个附加的旋转机构到旋转减速器，从而产生所谓的齿轮（线性）EMA。

（4）将减速器用于旋转 EMA。尽管大多数要驱动的机械负载都具有旋转运动，但是它们已经利用液压作动筒由线性驱动器驱动了 70 多年（请参见表 5.2）。除了使用螺旋机构作为减速器外，因为电驱动器会自然产生旋转运动，所以线性的电传功率作动器也应用得越来越少。但是，切换到齿轮式旋转 EMA 需要飞机中作动器的新型设计和集成方法，特别是要考虑几何外形、载荷路径和结构柔韧性。

如前所述，螺旋机构被广泛用于制造线性机电作动器（EMA）。的确，这种机构使得 EMA 像传统 HSA 一样集成在飞机机体和作动负载之间。传统梯形螺纹螺母螺旋机构由于有滑动接触，效率低，在螺母和螺纹之间存在严重磨损，相反，滚珠螺杆和滚柱螺杆则在螺母和螺杆之间插入了滚动部件，对于效率和寿命提升有巨大好处。滚柱螺杆比滚珠螺杆丝杠更难制造，但好处是增加了滚动触点的数量，能提供更大的负载能力。与滚珠丝杠相比，其提供更低的引出端，制造问题更少（见图5.13）。

图 5.13　滚珠丝杠（左）（Rollvis 品牌）和行星滚珠丝杠（右）（Umbra 品牌）

如图5.14（a）所示，可以识别出4个通用变体结构，用于螺旋机构集成到线性EMA中。方案①、③和④有助于作动器壳体和杆之间的密封，但是方案①和③涉及反向螺母设计，难于制造，方案④使得作动器更长。如图5.14（b）所示，存在用于集成电动机和机械动力传输部件的几种选择。对于直接驱动EMA，同轴设计显得新颖。直列式设计非常适合使用行星齿轮减速器，同时使作动机构又长又细。平行轴设计是带齿轮EMA的最常见解决方案，其可以使用易于整合的正齿轮。与直角减速器（例如，垂直轴设计中涉及的锥齿轮或蜗齿轮组）相比，平行轴所需的平衡力较小。带齿轮线性EMA的选择很大程度上取决于分配的空间包络结构。

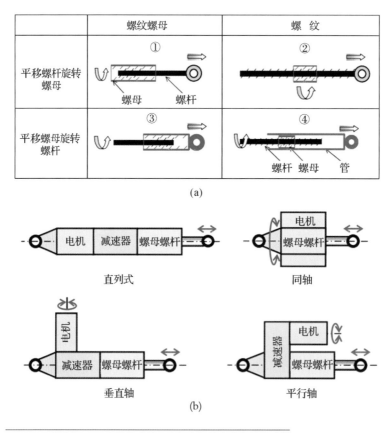

（a）

（b）

图5.14 螺母在EMA中的集成以及电机和机械变速器的集成[3]

（a）螺母在EMA中4种集成方案；（b）电机和机械变速器的集成

5.5.2 使用中的EMA组件

当机械传动的干扰不是很严重时，机电作动器可以首先投入使用。这通常涉及辅助飞行控制，其机械动力传输的演变与液压马达多年以来所经历的类似：空客A350或波音787的可调节水平稳定器作动器，空客A380或波音787的高升力控制组件的一个作动通道。EMA也已逐步引入，以取代直接连接到驱动负载上的液压千斤顶。波音787上总共安装了4个机翼扰流板控制EMA（见图5.15），总共14个作动器。线性EMA是平行轴型，远程ECU负责2个EMA。电刹车作动器已经在波音787和庞巴迪C系列上投入使用（见图5.16）。在波音787飞机上，每个制动刹车轮都配备带有4个平行轴的线性电刹车作动器（EBAS）。4个电机的控制电子设备合并为一个电刹车作动器控制（EBAC）单元。机电作动器也已成功地以电动推力反向作动系统（ETRAS）的形式应用于空客A380发动机中（见图5.17）。每个发动机反推换向器都包含单个电驱动器，该电驱动器包括用于控制回路的电动推力反向作动控制器（ETRAC），它包含了用于控制电功率的推力反向动力单元（TRPU）和用于电动控制的动力驱动单元（PDU）。当机械力被传递到线性滚珠丝杠的千斤顶时，该线性滚珠丝杠的千斤顶通过挠性轴和锥齿轮以扭矩分配的方式驱动两个变速箱。基于中国商飞C919飞机订购的LEAP发动机，ETRAS将首次在短程飞机上使用，即电动反推作动器将通过创新的一体式O型涵道级联反推作动器进行反向驱动（见图5.18）。EMA也已应用于空间发射器的推力矢量控制（TVC），例如M51、Atlas Centaur、Delta Ⅳ和VEGA[见图5.15（b）]，它们仅执行一次非常短的任务（几分钟即可完成）。过去和正在进行的许多研究计划都将EMA用于主要飞行控制和起落架（收放或转向）控制中。由于机械动力传输零部件中卡死事件的高风险性，这种应用仍然具有一定的技术挑战性。

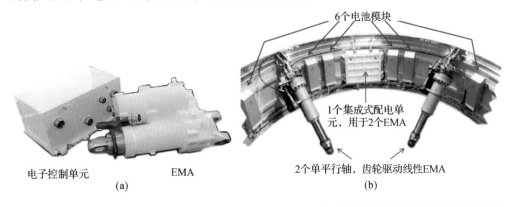

图 5.15　用于主飞控系统的机电作动器[3]

（a）波音787扰流板EMA；（b）用于VEGA发射器第一阶段推力矢量控制的EMA

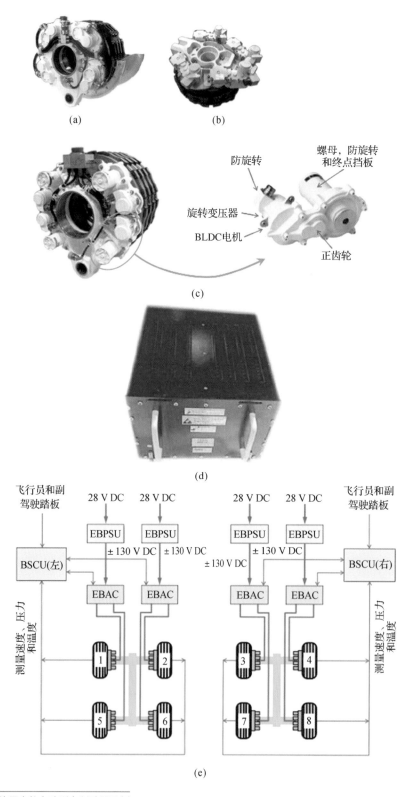

图 5.16　使用中的电动刹车制动器示例

（a）波音 787 电刹车控制器（UTC）[3]；（b）庞巴迪 C 系列电刹车系统（Meggitt）[3]；（c）波音 787 电刹车控制器（赛峰）[5]；（d）波音 787 电刹车控制器（赛峰）[3]；（e）波音 787 电刹车控制器架构[3]

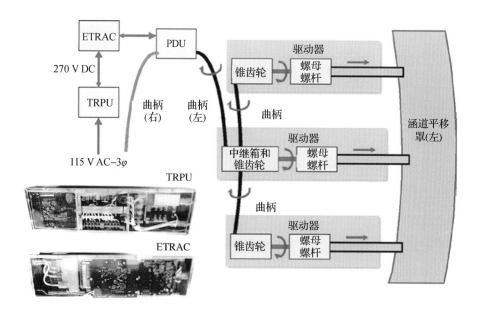

图 5.17　空客 A380 上的 ETRAS（每个发动机配备一套）[3]

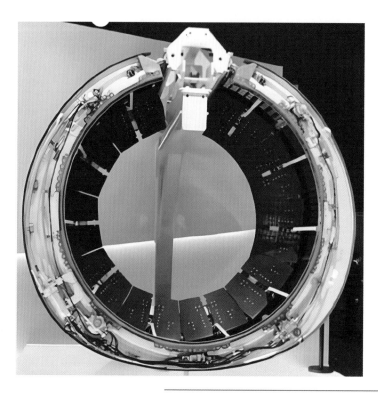

图 5.18　中国商飞 C919 上带有 O 型涵道的 ETRAS

5.5.3　技术实现方面的不完善

多种寄生效应会改变和影响电驱动器和负载之间机械功率的转换和传输。摩擦力、柔性、反冲力和惯性可能会显著影响其性能，例如在受力能力、能耗、稳定性和准确性等方面。

摩擦不仅来自功率转换器（齿轮、螺母螺杆），还来自轴承和接头处的负载平衡以及密封件，例如，轴向推力轴承平移使螺母螺杆的旋转部分占 EMA 总摩擦损失的百分之几十，这并非不可能。摩擦是一种复杂的现象，它对面接触的固体之间的相对速度的大小和方向、接触时的法向力、工作象限（反向或辅助负载）以及静止时间等都具有一定敏感性。另外，温度也起着重要作用。

蠕变柔量来自加载载荷下的固体变形。除了在由于机械间隙回差而引起的零传递力附近，EMA 的机械柔韧性通常比 HSA 和 EHA 的液压 – 机械柔韧性要低得多。间隙有助于减少摩擦损失并避免机械差动膨胀的影响，但因此会降低 EMA 的有效机械刚度。它也会影响精度（驱动器对负载无影响）和稳定性（例如电动机速度环路的微振动、负载位置环路的抖动或摆振）。预加载可用于补偿机械间隙的负面影响，但会增加摩擦。常年累积的运行可能会增加机械回差、减小预加载荷，甚至将其变成机械间隙。

机械动力传递元件的惯性比电动机转子惯性本身起的作用要小得多，但是，还是应该考虑其对 EMA 整体惯性效应的影响。

5.5.4　EMA 的技术成熟度

如前所述，除了纯功率测量、传输，以及在电源和驱动负载之间进行转换之外，作动器还必须执行许多其他功能。首先涉及 EMA 的保护功能，例如软停止或过载限制；其次涉及功率管理功能，取决于运行模式和系统冗余配置概念，例如可能要实现制动、脱开离合器或减震阻尼等功能。

在 HSA 或 EHA 中，这些功能以简单、轻巧和紧凑的方式在液压领域实现。EMA 的一些有效功能包括最小限度地执行电子、电气或电磁方面的工作：例如，通过降低电动机的铁损来进行阻尼，通过限制 MCE 电机控制单元处的电动机电流来防止过载，在行程即将结束时通过降低速度命令来实现软停止等。然而，一些寄生效应常常使这些选择在实践中无法达到预期的性能水平：

（1）机械传动，轴承和接头的摩擦，特别是由于后退驱动模式下机械效率的降低；

（2）运动部件的惯性效应，尤其是转子惯性；

（3）机械传动，轴承和接头的顺应性或机械间隙。

第一种方法可以通过测量传递到负载的力（或者甚至是用于保持作动器壳体的反作用力）以向 MCE 发出信号，因此可以修改控制回路，以主动产生阻尼效应或防止过载，但就可靠性或其他性能而言，此选项通常不令人满意。在这些情况下，必须以机械方式实现作动系统功能，并优化其作动位置，从而在质量和性能之间取得最佳平衡。产生在止动件上的冲击在 EMA 内部吸收，此时无须加载滚动元件，如使用爪形止动件或摩擦弹簧等。EMA 扭矩限制器可实现过载保护。在尽可能反向驱动的条件下，EMA 机械动力路径的上游可执行离合脱扣。图 5.19 说明了在功率传输路径中集成这些机械功能（带有粗体框的方框）所带来的复杂性。半箭头表示功率流，而全箭头表示信号流。虚线箭头指示反作用力或转矩，该反作用力或转矩平衡了在功能动力路径中传递的力或转矩。

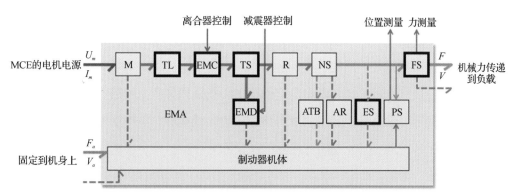

图 5.19　实现功率管理功能的机械功率架构示例[3]

使用线性 EMA 时必须谨慎考虑反作用机械负荷。在涉及液压作动筒的线性 HSA 中不会产生扭矩，因为它们充当具有可变轴向运动的作动筒对接头。杆和轴承座之间的旋转是自由的，它引入了一定程度的自由度，即使在承受一定载荷并出现结构变形的情况下，也可以保持运动不变。相反，线性EMA需要平衡多个反作用扭矩，例如，在减速器外壳、电机定子和螺母的平移部分。这些反作用转矩通过作动机构外部的运动回路（作动机构杆→驱动负载→固定结构→作动机构本体）进行平衡，从而消除轴向自由度，但是，杆的防旋转功能可以在作动器内部进行，例如图5.19所示的AR防旋转模块。

如果在发生作动故障（例如起落架或主要飞行控制器）时无法阻止加载动作，则机械传动装置的卡塞仍然会引发严重的设计问题。尽管有许多过去或正在进行的研究项目致力于作动器的抗阻塞能力或卡塞容忍能力，但是在永久载荷下无法通过可测试的设计使作动器（或作动通道）及时脱扣仍是EMA取代HSA的主要障碍。

5.6 电传功率作动器技术的挑战

5.6.1 使用电传功率作动器的重要注意事项

采用电动作动器技术前，有一些主要问题需要考虑：

（1）能量传输。在常规系统中，液压流体以静液压的形式传递能量：液压流体通过泵加压并通过管道输送给驱动负载，因此能量传递需要工质实现质量传递，这与电线传递电能量是不同的，其带来的优点有利于解决某些常规问题。另外，该工质流体还可以用作传热器，以带走作动器中因能量损失产生的热量；它也用作润滑剂，例如用于辅助飞行控制中的液压马达或齿轮减速器。电传功率作动的主要优点是功率分配和管理，其无须将液压油的储量和条件保持在足够的水平和状态，但液压油的储藏、过滤、净化、渗漏、充注、温度管理、维护程序等工作都需要开展。与传统解决方案相比，电传功率作动的动力分配更轻巧，因为传统方案受液压流体（在波音747上通常为500 kg）和高压液压管（例如14～25 g/m/kW，3 000 psi 网络，在 38 ℃时能量损失为30～90 W/m）影响；而且电力网络可以在作动器和其他负载设备之间相互关联。然而，液压动力网络仅专门满足作动需求，并且不能相互通用。考虑到电力网的隔离和独立性，无液压流体质量传递和可以电动作动为飞机层面的电力管理提供了许多可能性。需要注意的是，液压动力网络必须高度隔离，以免液压油外部泄漏或液压流体污染传播。与使用化学性质非常好的航空航天液压油相比，

电动飞机技术基础

使用移动电子流传输能量对环境更加友好。

（2）力（或扭矩）的产生。为了满足功率需求，当作动功率超过若干千瓦时，电作动器的功率密度要比传统作动器低得多。此外，在电机中，转矩与电流、绕组匝数和磁通密度相关。电流和匝数确定了绕组线（通常为铜材料）的数量，而磁通密度是由磁铁和铁芯硅钢片的组合产生的，它们都是增重材料。这就是为什么减轻质量会导致电动机被设计用于高速低扭矩场合，并与高变比率机械减速器相关联使用的原因。作动力（或扭矩）所产生的直接结果是在负载水平下（转子惯性乘以减速比的平方），大大增加电动机转子偏离惯性或质量。通常这种反应惯性是负载惯性本身的 15～50 倍，是常规作动器产生的偏离惯性的 3 000～10 000 倍。

（3）作动器级别的功率管理。如前所述，几种功率管理功能必须在作动器级别执行。液压作动筒具有出色的机械性能和较低的运动质量，可以直接连接到驱动负载上，因此，液压筒压力很好地表示了传递到作动负载上的力，这使设计人员能够在液压领域执行这些功能，使其尽可能地接近负载，并且使质量和体积极小。在其他方面，机电作动器通常包含一个高比率的机械减速器，其能量损失主要取决于负载、速度、功率所处的象限和温度。电动机转子在负载水平上反映出的高惯性，再加上机械传动装置的可变机械效率，使得电动机电流无法准确地表示传递给负载的瞬时力矩。如第 5.5.4 节所述，这通常需要使用机械设备来被动执行功率管理功能或使用传感器来测量传递到负载的力，以主动地（即通过电动机控制回路）执行这些功能。

（4）使用寿命。带有气缸的液压作动器通常不使用带有滚动元件的轴承（仅使用滑动轴承或液压轴承）。因此，它们的使用寿命主要取决于动态密封的磨损和泄漏以及重复施加的载荷引起的疲劳。而机电作动器采用许多滚动接触（例如滚珠或滚柱轴承、防旋转线性花键和轴向推力轴承、滚珠或滚柱丝杠、齿轮等），滚动接触疲劳会严重影响其使用寿命。因此，其机械元件的尺寸要求根据力和速度的组合来确定有效的作动器任务。另外，有效的作动器任务对于热平衡和热疲劳方面确定电动机和电机控制器（MCE）的尺寸也起着重要作用。然而，这在设计规范级别上又产生了新的需求，因为定义尺寸大小并调整通用任务也是一项有挑战性的工作。

（5）系统自身动力学和闭环控制。HSA、EHA 和 EMA 的动力学特性差异很大。

在液压系统中，流体可塑柔性和驱动机械负载的惯性结合在一起，产生自然频率为几十赫兹的欠阻尼二阶系统。在 HSA 液压伺服作动中，伺服阀动态作用在液压传动装置的上游，并在 50 ～ 100 Hz 范围内作为阻尼良好的二阶系统。在电传功率作动中，电动机显示为两个串联的一阶系统。它们的特点在于电气时间常数 $T_e = L/R$ 是绕组电阻 R 和电感 L 的组合，机械时间常数 $\tau_m \approx JR/K_m^2$ 主要来自转子的惯性 J，并且结合了绕组电阻和电动机电磁常数 K_m。在 MCE 电机控制器级别执行的电流（或转矩）控制回路的带宽通常约为 1 kHz。EMA 机械传动中的柔性和摩擦性会影响作动器的传递功能，例如通过引入传动零位。通过在 MCE 中实现 3 个电流 / 速度 / 位置控制回路，通常可以轻松实现 EMA 的位置控制（见图 5.4）。在非常特殊的情况下，结构可塑性会产生重大影响，动态力反馈可以提高对载荷干扰的抑制。

5.6.2 向全电功率传输作动发展

评估电传功率作动器的收益是一项艰巨的任务。它需要考虑对最终用户、运营商和环境的全局影响，并需要解决总的采购和运营成本。除了电气技术能提供更简化的系统重构和额外监控功能之外，移除集中式液压管网路和由此而减少的维护成本也更容易补偿电传功率作动器增加的质量和成本。在高功率和对安全要求严格的应用场合下，电动作动器非常有前途，因为它在提高总体性能方面有很大的潜力，并能在多个方向上降低成本和质量：

（1）在系统层级别，通过高级可互换性、模块化和标准化实现；

（2）在电机控制、电力电子技术方面，通过改善冷却手段（例如通过热管和冷却板）和功率电子器件（例如广泛使用 SiC 材料的半导体器件），以及通过提升矩阵式功率变换器的技术成熟度实现；

（3）在电动机设计层面，通过优化组合设计方案（涉及电动机类型、电机的极数和槽数、定子槽的形状、转子上的永磁铁布置方式以及绕组类型等）实现；

（4）在机械传动级，通过成熟的耐阻塞 / 抗阻塞设计和电磁齿轮技术，并依靠摩擦学的进步（例如固体润滑或干式润滑）实现；

（5）在系统监控级别，通过开发和改进健康运行情况监测（HUM）系统的鲁棒性实现。

无人机市场的快速增长以及 EHA 和 EMA 生产率的提高无疑将加速作动技术向

全电传功率作动方向的发展。

SAE 和 ISO 相关文件如下：

（1）Raymond E T and Chenoweth C C,Aircraft Flight Control Actuation System Design(SAE Press, 1993).

（2）ARP5724—Testing of Electromechanical Actuators, General Guidelines For.

（3）ARP5754—Electromechanical Actuators Specification Guide.

（4）ARP5879—Test Methodology for Electrohydrostatic Actuators.

（5）ARP6025—Duty Cycle Considerations for Electrohydrostatic Actuators.

（6）ARP6154—Aerospace Fluid Power Electrohydrostatic Module, Design, Performance and Test Recommendations.

（7）ISO 22072:2011, Aerospace–Electrohydrostatic Actuator (EHA)—Characteristics to be Defined in Procurement Specifications Projects.

（8）ARP7490—General Guidelines for Motor Control Electronics for Electrically Powered Actuation.

参 考 文 献

[1] Radio Technical Commission for Aeronautics, Environmental Conditions and Test Procedures for Airborne Equipment, RTCA DO-160G, August 12, 2010.

[2] Mare, J.-C. and Budinger, M.,"Comparative Analysis of Energy Losses in Servo-Hydraulic, Electro-Hydrostatic and Electro-Mechanical Actuators," The 11th Scandinavian International Conference on Fluid Power, SICFP'09, Linkoping, Sweden, June 2-4, 2009.

[3] Mare, J.-C., Aerospace Actuators, Volumes 1 to 3, ISTE/WILEY Editors, 2016-2018.

[4] Dellac, S. and Ternisien, D.,"Airbus 380 "Electro-Hydraulic Back-Up Architecture" for Braking and Steering Systems", Proceedings of the 2nd International Conference on Recent Advances in Aerospace Actuation Systems and Components, Toulouse,

France, November 24-26, 2004, 103-108.

[5] Chico, P.,"Electric Brake," Proceedings of the 6th International Conference on Recent Advances in Aerospace Actuation Systems and Components, Toulouse, France, April 2-3,2014, 25-28.

[6] Biedermann, O.,"Development, Qualification and Verification of the A380 Spoiler EBHA," SAE A-6 Committee, San Diego, CA, USA, October 19, 2005.

电动飞机技术基础

第6章

电动飞机推进方式的选择

CHAPTER SIX

·电动飞机技术基础·

本章深入介绍电动飞机的各种推进技术和架构。我们知道自航空技术产生初期以来，燃气轮机技术一直处于航空推进系统的中心地位，而技术的进步则将现代发动机的性能推向了极致。根据所考虑的飞机类型，航空运输推进的未来研究主要集中在推进技术和架构设计上，其中燃气轮机可能部分或全部采用电气解决方案。尽管如此，在这种逐渐向电推进（EP）技术转变的过程中，燃气轮机仍可能有进一步发展的机会。飞机及其推进系统的全面更新设计，包括协同控制、系统集成等，是提高推进系统整体能效、减少温室气体排放和降低噪声的关键因素。

6.1　传统发动机技术

根据飞机的大小、飞行范围和有效载荷，推进系统需要各种类型和大小的发动机。从通用航空领域到远程商用飞机，航空发动机虽采用了不同的技术，但却都使用化石基煤油或汽油燃料。在通用航空中经常使用的活塞式发动机（也称为往复循环式发动机）从 Avgas 航空汽油燃料中提取推力，而大型飞机则使用基于 Jet-A 航空煤油燃料的燃气轮机涡轮螺旋桨或涡轮风扇发动机（见图 6.1）。

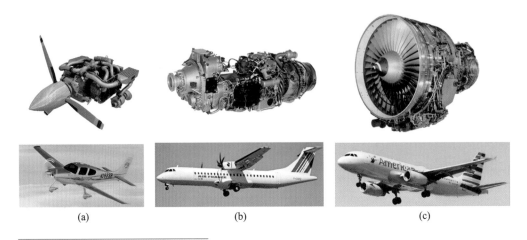

(a)　　　　　　　　　　(b)　　　　　　　　　　(c)

图 6.1　适用于不同飞机类型的航空发动机

（a）活塞式发动机（通用航空）[12]；（b）涡轮螺旋桨发动机（支线飞机）[34]；（c）涡轮风扇发动机（大型商用飞机）[56]

　　　　　　　　　　　　　　　　　　　　电动飞机技术基础

至于公务航空领域，根据2012年美国的飞机交付量统计显示，大多数飞机都配备了涡轮风扇发动机（＞90%），只有一小部分由涡轮螺旋桨发动机（约7%）或活塞式发动机（约2%）提供动力。支线飞机（20～99位乘客）同时使用涡轮螺旋桨发动机和涡轮风扇发动机。涡轮螺旋桨飞机约占2013年交付的支线飞机的一半，短程和远程大型商用飞机（>100名乘客）仅使用了涡轮风扇发动机。

6.1.1　燃气涡轮机

涡轮螺旋桨发动机和涡轮风扇发动机都使用燃气涡轮机。燃气涡轮机提供必要的推力使飞机在空中持续飞行。它一方面将储存在油箱中的燃料转换成推进力，另一方面又将其中的非推进功率转换成供给飞机机电系统的二次动力。

燃气发动机的基本原理在于通过航空煤油燃烧的方式从燃料中提取能量，然后将其从液相转化为气相并与空气混合。在此过程中，混合物会由于高压条件而进行燃烧，为此，需要先配备一台压气机和一个燃烧室，然后再使用航空煤油燃料（见图6.2）。涡轮机实际上是由燃烧室的流出工质驱动的，并通过降低排放废气的温度为压气机提供动力。因此，从航空燃料中提取的能量包括机械轴功率、压缩空气和推力。

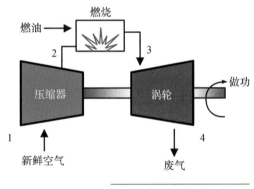

图 6.2　燃气涡轮机的工作原理

从逻辑上讲，只要发动机部件和材料具有更高的温度和压力承受能力，燃烧过程中温度升高得越多，燃气涡轮发动机的效率就越高。

6.1.2　涡轮轴发动机

涡轮轴发动机的问世在20世纪40年代初，它带来了动力、可靠性和效率等方面的变化，这与当时用于支线飞机的活塞式发动机相比，实际上是一种燃气涡轮机，它驱动螺旋桨，最适合于不间断巡航的飞机，比800 km/h的速度要快，而涡轮风扇发动机喷气式飞机的飞行速度约为800 km/h。涡轮螺旋桨技术具有潜在的经济和环境绩效收益，尤其是对支线飞机制造商而言。

尽管图6.3仅显示了单轴配置的涡轮螺旋桨发动机，但它们也可以具有两轴配

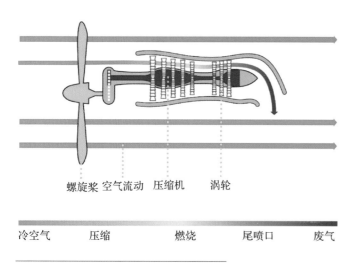

螺旋桨　空气流动　压缩机　　涡轮

冷空气　　压缩　　　燃烧　　尾喷口　　废气

图6.3　涡轮螺旋桨发动机的工作原理（单轴）

置，其中高压（HP）轴驱动压气机的转速高达30 000 r/min，低压（LP）轴通过变速箱以恒定速度驱动螺旋桨，根据飞机的不同，通常在900～2 500 r/min的范围内。

在短途航线上，现代涡轮螺旋桨飞机可比同等涡轮风扇发动机节省25%～40%的燃料，但是其无法扩展到更高的推力需求、更大容量和更长的飞机距离。

直升机上广泛使用的涡轮轴发动机类似于涡轮螺旋桨发动机，只是其轴动力用于驱动转子而不是螺旋桨。

6.1.3　涡轮风扇发动机

活塞式发动机和涡轮螺旋桨发动机都依靠螺旋桨，而涡轮风扇发动机以不同的工作原理使用风扇，从而比涡轮螺旋桨技术具有更高的速度和推力范围。此外，涡轮风扇发动机的引入为最初用于更快和更大范围的商用喷气机以及军用战斗机的涡轮喷气发动机提供了一种噪声更小、效率更高的替代方案。

涡轮喷气发动机和涡轮风扇发动机均使用燃气轮机排气产生推力。在涡轮喷气发动机中，所有进入的空气都被引导至压气机，并用燃料点燃，以产生推力并驱动涡轮。这不同于涡轮风扇发动机更有效的工作原理（见图6.4），涡轮喷气发动机使用连接到燃气轮机进入多级的管道风扇，以更缓慢的方式驱动一部分发动机周围的空气，称为旁通气流。实际上，风扇将大量的空气吸入发动机进气口，其中一些空气被引导到发动机的核心机中，在此处，空气被压缩然后点燃，但大多数空气绕过了该核心机，从而在发动机的推力中占了很大比例。如果绕过核心机的冷空气是流过其的热空气的两倍，则涵道比为2:1。

因此，涡轮风扇发动机的总推力是由燃气轮机排气和旁路气流产生的。涵道比

（BPR）越高，即旁路流过空气的质量流量与进入核心机的空气质量流量之间的比率越高，发动机燃油效率越高，因为产生的推力更大而不用燃烧消耗更多的燃油。此外，涡轮风扇发动机与涡轮喷气发动机相比，更安静，其部分原因是围绕在发动机核

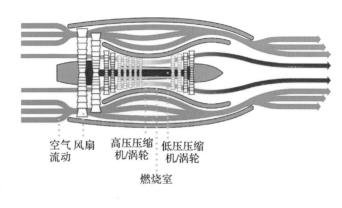

空气 风扇
流动

高压压缩
机/涡轮

低压压缩
机/涡轮

燃烧室

冷空气　　　压缩　　　燃烧　　　尾喷口　　　废气

图 6.4　涡轮风扇发动机的工作原理（两轴/常规架构）

心机排气涵道旁的冷空气流减小了排气产生的噪声。

图 6.4 显示了具有两个独立轴的涡轮风扇发动机的结构。低压轴连接进气风扇、低压压气机和低压涡轮。在 LP 轴的外部有 HP 轴，该轴将 HP 压气机连接到 HP 涡轮。两个轴的速度是独立且可变的，这取决于飞机的运行条件。通常，对于两轴涡轮风扇发动机，HP 轴和 LP 轴速度可以在 600 ～ 6 000 r/min 范围内和 7 000 ～ 20 000 r/min 范围内变化。

要注意的是，大多数涡轮风扇发动机为两轴配置，而罗 − 罗公司的远程发动机例外，由于其在 LP 和 HP 部分之间插入了中间压力（IP）部分，因此具有 3 个轴。

高涵道比（BPR）涡轮风扇发动机的出现在 20 世纪 60 年代后期，通过提供比涡轮喷气发动机更安静、更有效的替代方法，彻底改变了航空运输业。

燃气轮机和风扇技术的进步以及新颖的发动机架构也推出了新的研究领域。一种称为齿轮涡轮风扇（GTF）的架构最近已进入市场。与其他所有采用常规架构的涡轮风扇不同，在常规架构中，风扇和低压涡轮（LPT）以相同的速度旋转，而 GTF 引入了减速齿轮箱，使得风扇和 LPT 速度脱钩（比例为 1:3）。这种配置允许更大的风扇比发动机的其余部分旋转得更慢，从而将更多的空气绕过发动机核心机，从而提高了 BPR。

如图 6.5 所示，涡轮风扇发动机的 BPR 近年来得到了显著提升，最高达到 12:1，是最早投入使用的涡轮风扇水平的两倍以上。

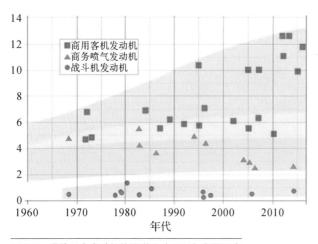

图 6.5　涡轮风扇发动机的涵道比（BPR）发展历史

最近，在常规和 GTF 架构中，短程支线飞机领域已经开始使用高涵道比涡扇发动机。高涵道比 LEAP 发动机是常规设计的，就像赛峰国际所生产的原始低涵道比 CFM56 发动机一样。普惠（Pratt）和惠特尼（Whitney）的高涵道比 Pure-Power 发动机属于 GTF 类型。然而，这些新型发动机如何与之前的产品（CFM56 和 V2500）相比较呢，这便要考虑发动机关键参数，例如推力、涵道比（BPR）和风扇直径等。

原始 CFM56 发动机的推力额定值最高为 3 000 lb，BPR 最高为 6，风扇直径为 68.3 in（1 in=0.025 4 m）。图 6.6 和图 6.7 为每种类型的发动机备件提供了工作原理展示，并给出了发动机集成在吊舱前后的工作原理和图片，显示的数据是所考虑的发动机系列的最大值，并针对其目标短程飞机进行了设计调整。

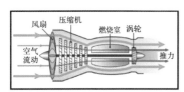

图 6.6　高涵道比常规涡轮风扇：LEAP 发动机（推力 35 000 lb，11 BPR，78 in 风扇）[10-13]

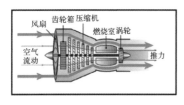

图 6.7　高涵道比齿轮传动涡轮风扇：Pure Power 发动机（推力 33 000 lb，12.5 BPR，81 in 风扇）[10,14-15]

　　　　　　　　　　　　　　　　　　　　　　　　　　电动飞机技术基础

6.1.4 效率

除了质量、额外的阻力和高可靠性外，燃气涡轮发动机还具有很高的整体效率，可将燃油能量转化为动能，从而使飞机能够飞行。所谓"发动机热力学效率"（将燃料流功率转换为轴功率）和推进效率（将轴功率转换为推进功率），只需将两个其他发动机参数相乘即可计算出该指标。在图6.8中，绘制了活塞式发动机、涡轮螺旋桨发动机和涡轮风扇发动机的发动机热力学效率与其起飞功率的关系图，还显示了根据所用发动机的类型，推进效率如何随飞机空速而变化的特性。

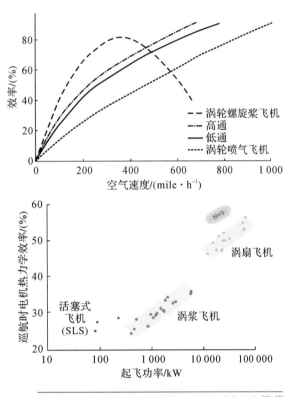

图 6.8 各种发动机类型的效率、空速和功率比较[16-17]

推进效率随着飞机空速的增加而增加，但涡轮螺旋桨发动机的效率在达到接近350 mile/h 的空速附近的临界点后开始直线下降，因此适合区域性或支线运营。同样清楚的是，可以通过提升其涵道比来增强涡轮风扇发动机的推进效率。对于涡轮风扇发动机，其推进效率在70%～80%的范围内，而涡轮螺旋桨飞机在其巡航空速时的效率高约10%。

涡轮风扇发动机的高功率推力等级使大型飞机的设计成为可能，其市场渗透范围按市场细分为支线、短程和长航程范围。鉴于其总体空速能力和推力／功率可扩展性，涡轮风扇发动机目前已成为大型飞机推进系统的主流。最新的商用飞机燃气涡轮发动机具有 20 000 lb 推力和更高的推力，属于高涵道比涡轮风扇发动机，在巡航时的总体综合效率较好，可以超过 40%，且推进效率要远远超过 70%，电机热力学效率则高达 55%。

这些得益于对先进燃气轮机技术和可变架构（GTF）的持续投资，涡轮风扇发动机在提高整体效率方面已经进步很大，其中涵道比的发展是一个关键的推动力。

整体发动机效率的提高可以减少燃油消耗，从而有助于减少温室气体排放和运营成本。

6.1.5 噪声

在过去的50年中，发动机技术的显著改进已大大降低了飞机的噪声水平（见图6.9），尤其是在20世纪70年代引入了具有先进机舱的第二代涡轮风扇发动机。

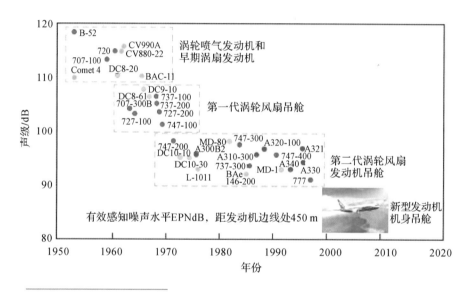

图 6.9 飞机噪声性能的演变 [18]

除了燃料燃烧和排放外，由于涵道比（BPR）的急剧增加，噪声水平也随着时间的流逝而大幅降低，从而允许较大的风扇以较低的速度旋转，进而产生较低的噪声。然而，因常规"管翼状"飞机的离地空间限制，较大尺寸的发动机设计应考虑较高的风扇叶尖速度和飞机集成问题的限制。

后一种情况很可能在渐进或改良式设计方法（例如飞机发动机重新更换）中遇到。这包括将飞机的推进基本技术水平从一代发动机换代到下一代发动机，同时将飞机的变化限制在最小范围内。尽管重新开发设计发动机可能会带来较大的收益，并且可以缩短上市时间，但可能会遇到设计方面的限制，甚至可能遇到麻烦。未来的能源效率、排放和噪声指标要求非常高，以至于唯一的出路可能是采用完

电动飞机技术基础

全不同的飞机设计方法。当飞机的所有主要部件（例如机体结构、发动机和机载系统）都对整体性能起着至关重要的作用时，研究者总是会错失机会或导致开发失败。在飞机开发中实现的协同优化，可以无缝集成机身、推进和机载系统设计，无疑更有可能产生最大的收益。这种方法将有助于更有效地推进飞行包络，并且改善飞机的效率和噪声性能。这最终将使航空业摆脱仅由煤油燃料发动机提供动力的传统管翼式飞机的订单，向另一类飞机配置的过渡将开辟新的途径和机会，即使这意味着要处理不同的飞机形状和空气动力学问题，但只要它们可以帮助挖掘目前在全球范围内深入研究的突破性推进新概念和技术的潜力即可。电动飞机就是这样一种不同的配置形式，下面一部分将进一步详细介绍推进系统是如何提供满足其需求的解决方案的。

6.2 多电飞机的无引气发动机

与最新技术高涵道比涡轮风扇发动机技术并存发展的同时，飞机推进系统也逐渐实现了电气化。通过与之耦合的发电机，作为机载能源公用平台，发动机一直是为飞机机载系统提供所有非推进能量的主要来源。因此，通过发动机从航空燃料产生的电能需求呈上升趋势，尤其是在多电飞机上，这是通往全电飞机的必由之路，但这几乎影响了发动机的设计和集成，传统上，电能并不是从推进系统的角度，而是从非推进系统的能量产生角度进行研究的。最近，随着波音 787 飞机用电功率的增加，发动机产生的电能达到了峰值，波音 787 这架远程飞机的高涵道比涡轮风扇发动机（78 000 lb 推力，涵道比为 11，112 in 风扇）产生惊人的 1 MW 电力。

根据飞机和推进系统所采用的电气化程度，推进系统的发展大致可分为三大类。首先是专用于具有更高系统电气化水平"多电飞机"（MEA）的无引气结构发动机；然后是电动飞机的电力推进（EP）和混合动力电力推进（HEP）系统，其中所有系统均假定为完全电气化。以下各节将进一步详细介绍这些发动机类别。若在 MEA 上对无引气结构的系统进行密集的电气化（例如在波音 787 的情况下），则可以使用效率更高的"无引气"发动机，但它们仍从其燃气轮机的运行中获得推进力。波音 787 飞机已采用电力功率用于环境动力系统（ECS）和机翼防冰系统（WIPS），取代了之前的气动动力。这些功能系统的电气化，使得波音 787 飞机不再需要从发动机抽取引气,因此一旦完成起动程序,则使用与产生飞机电力电机相同的电机,也可以促进发动机的起动。尽管如此,波音 787 飞机仍给发动机带来了巨大的挑战,因为用电动替代品取代引气驱动功能会对发动机产生双重影响:

(1)清除目前用于某些发动机功能(冷却、密封等)的引气;

(2)发动机动力装置所需的电力需求增加,需要通过附件机匣变速箱显著增加从发动机输出的机械扭矩。

图 6.10 显示了波音 787 飞机的一种无引气涡轮风扇发动机选件,此外,在压气机和涡轮机上使用不同的颜色,还突出了典型罗 – 罗公司的三轴发动机拓扑。

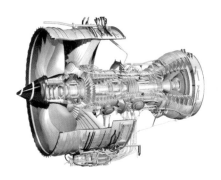

图 6.10　波音 787 的罗 – 罗 Trent 1000 发动机 [19–20]

波音 787 飞机发动机(无引气架构)中消除气动部件(引气)如图 6.11 所示。

多电飞机(MEA)无排气涡轮风扇 　　　　　常规涡轮风扇发动机
　发动机(排气管已卸下)　　　　　　　　(飞机系统的引气)

图 6.11　波音 787 发动机中消除了引气组件 [21]

电动飞机技术基础

6.3　电动飞机的推进系统

上一节显示了飞机系统的电气化程度决定了其对动力装置的影响，但是这些基本假设仍是至少当所考虑的飞机在尺寸上足够大时，即使它们是"无引气"系统，也仅仅依靠燃气轮机获取推进力。进行更深层次的考虑，电推进（EP）替代产品的功率能力、质量、体积、效率和成熟性方面与燃气涡轮发动机的性能相去甚远，而燃气涡轮发动机的性能却一直得益于技术进步（架构、材料和热适应性），这一事实在一定程度上解释了这一点，但是，这种情况将来会发生改变。

与飞机系统的需求相比，电推进的动力需求要高得多。图 6.12 所示为传统与多电和混合电动、全电飞机的对比关系。

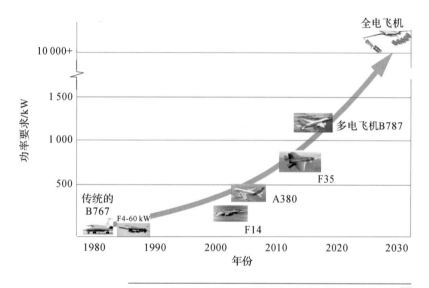

图 6.12　飞机电力需求（推进系统和机载系统）的发展历史 [22]

到多电化的波音 787 飞机为止，涡轮发动机产生的电力仅为在常规电气系统之上电气化的飞机系统设备提供电功率。混合动力 / 全电飞机的需求主要与推进功率相关，但也包括飞机其他系统的需求。

对于电推进（EP）飞机，由于去除了燃气轮机，因此推进和系统的电能都必须以不同的方式获得。因此，储能系统（例如电池）与航空燃料交换后成为电能的主要来源。如果选择燃料电池作为动力基线，那么可以使用航空煤油或航空汽油的替代物（例如氢燃料）。但是，有一种情况可能仍然需要使用航空燃料，那就是使用依靠化学重整器的燃料电池，从航空燃料中产生氢气。

在混合电推进（HEP）中，将专门用于推进的电气系统作为对燃气轮机的补充，以使得从两者中的一个或两者中获取推进动力，航空燃料和能量存储系统将必须同时存在两个不同类型的能量储存装置。

实际上，针对电动飞机研究中的 EP 和 HEP 系统正在发生基本设计范式的转变。为了使这个路线图更完整，以下部分将对它的电气化过程进行说明，其中新颖的架构和电推进技术可实现飞机的推进方式的变革。

6.3.1 架构设计实现

从设计图纸到研究项目演示，电推进（EP）技术都有许多可能性。本节重点介绍其运行原理、优点和技术挑战。

6.3.1.1 电推进架构

如第 6.1 节所述，常规发动机可通过图 6.13 中的框图进行图解说明。要注意的是，通过推进器提供的推力完全来自燃气轮机，该推进器实际是涡轮螺旋桨发动机上的螺旋桨，在涡轮风扇发动机的情况下是风扇，它还向非推进系统机载负载提供动力。

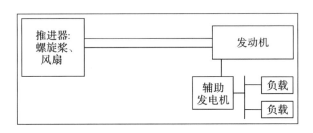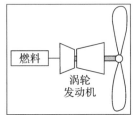

图 6.13　常规推进系统（改编自参考文献 [23,22]）

借助电推进技术，燃气轮机将被取代，推进器由电动机驱动，使用从诸如电池或燃料电池之类的电储能或新型发电系统中提取的能量（见图 6.14）。

图 6.14　全电推进系统架构（改编自参考文献 [23, 17]）

　　　　　　　　　　　　　　　　　　　　　　电动飞机技术基础

值得一提的是，传统推进系统和电推进系统的效率如何相互抵消，其效率的数量级变化如图 6.15 所示。

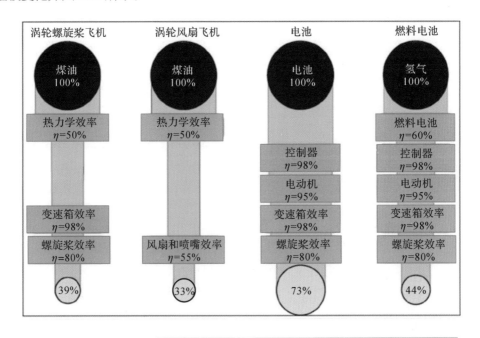

图 6.15　总体推进效率（传统涡轮发动机与电动推进系统相比）[24]

从总体效率的角度来看，很明显，电池供电的电推进具有超越常规推进的优势。它避免了将飞机上的燃料转换为电力的能量损耗，并提供了高达 70% 的功率传输效率，大大超过了传统涡轮螺旋桨发动机难以达到的 40%。如第 6.1.4 节所述，最新的涡轮风扇发动机具有更高的热效率，将其总效率从图 6.15 所示的 33% 提高了近 6%，最终提高到 39% [24]。

6.3.1.2　混合电推进架构

混合电推进（HEP）架构是如何实现良好推进性能的呢？与大多数情况下甚至不需要任何一滴航空燃料的纯电推进（EP）系统相反，HEP 系统的能源是通过燃气轮机、电力系统和任一电能源存储中的优化组合，并从航空燃料和其他电能源中提取"并联"或"串联"配置的电气能量。

在并联 HEP 中，向下传输到推进器的动力部分能量源自燃气轮机，类似于常规发动机中的情况，并由电动机 / 发电机从另一能源中汲取能量或仅由电动机 / 电池组提供的动力加以补充，这称为并联混合运行，因为燃气轮机和电动机／发电机（或电动机／电池）都可以在飞机的任何给定时间始终将动力传递到推进器。图6.16显示了带有电动机／电池设置的涡轮风扇的两个独立的动力传输路径。要注意的是，电动机／发电机的设置可以实现向其他负载供电的可逆操作，通过电动机／电池组配置，电池组可以远离动力装置。

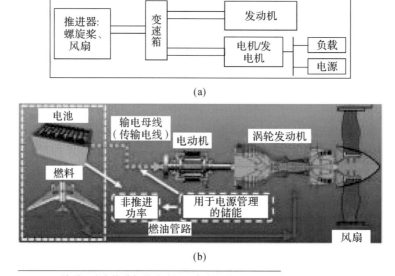

图6.16　并联混合电推进架构（改编自参考文献[23,25]）

（a）并联混合动力工作原理；（b）涡轮风扇中的电机／电池应用

现在考虑一种用于短程飞机的并联混合动力涡轮风扇发动机[26]。在动力装置内，常规电动机和功率调节器与先进的双轴直驱涡轮风扇发动机并驾齐驱，风扇压力比为1.45，电能从电池组中提取，并通过功率调节单元和电动机输出机械能传递到燃气轮机LP轴的核心机（见图6.17）。电机额定值取决于为动力装置设计选择的混合电动模式。在整个任务期间，电动机与燃气轮机的"平衡模式"混合运行将需要1.3 MW电动机。另外，当燃气轮机在巡航过程中关闭的情况下，"核心机关闭"的混合模式将需要更高的电机额定功率，可达到5.3 MW。

实际上，在混合电推进（HEP）系统级别上，在确定推力级别后，电力的使用将减少燃油的消耗。电风扇功率的增大会导致燃料流量减小，从而大大改善推进系统的燃油消耗率（SFC），如图6.18[26]所示。在巡航条件下，使用6 000 hp（1 hp ≈ 735 W）的电动马达可使燃油消耗率降低75％左右。

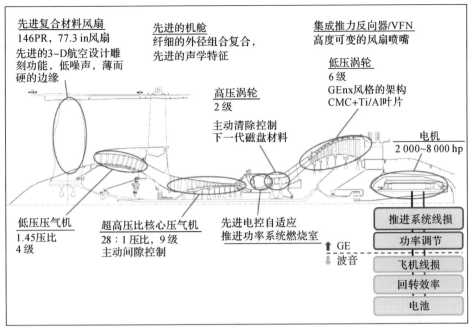

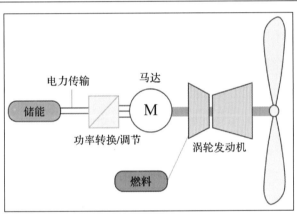

图 6.17 短程飞机 GE 的并联混合动力电动涡轮风扇发动机（平衡模式和核心停机模式）[26, 22]

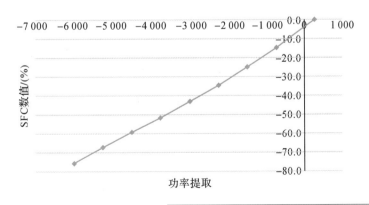

图 6.18 巡航时的燃油消耗率（SFC）与电功率增益[26]

混合动力系统的设计方式是优化电池和电能的使用，以最大程度地减少燃油消耗并管理电池能量。在 900 n mile 任务下，与常规 CFM56 涡轮风扇相比，降低燃油消耗的目标设定为 60%。

此处详细介绍 HEP 是如何利用传统的电气系统运行的。对于任何一种飞机，都包括功率调节器、固态断路器、换热器和常规电动机等。电动机通常选择高功率密度且具有液冷功能的开关磁阻电动机（SRM），用于连续峰值电磁功率操作，电机轴和电机外壳使用高级复合材料，功率调节单元利用高压碳化硅（SiC）器件，以及先进的高温塑料薄膜电容器和先进的复合液冷散热器。此外，功率调节器具有低损耗电感和全复合材料的机箱，所得常规电气系统的比功率在 2 ～ 3 hp/lbm 范围内，总效率约为 93%。

代替常规电气系统的超导电气系统的实施可以扩展额外功能，尽管其要求更为严格。与常规系统不同，电动机、电缆和功率调节器使用需要冷却液的超导技术，建议的冷却剂是低温液态天然气（LNG）。电动机包括了导体，导体保持在液化天然气温度下，并通过交流电实现超导传输。电动机需要高强度绝缘结构材料和真空无铁芯设计。功率调节单元的散热器通过 LNG 进行冷却。所得的超导电气系统的比功率可以达到 5 ～ 6 hp/lbm，整体效率为 99%。

从飞机的角度来看，这种类型的 HEP 系统可以采用类似于常规涡轮发动机的整体式和独立式配置。

与在参考文献 [26] 中研究并如上所述的发动机设计不同，所考虑的并联混合电推进原理也可以应用于高压轴，而不是燃气轮机的低压轴，而且它也可以以不同的工作模式应用于 GTF（见图 6.19）和具有不同马达位置的涡轮风扇，或应用于涡轮

低压轴
高压轴

齿轮涡轮风扇（UTRC）
2.1 MW 电机（起飞/爬升辅助）

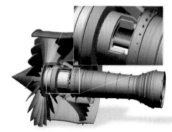

涡扇（罗-罗/伊利诺伊大学）
1～2.6 MW 电机（爬升/巡航辅助）

图 6.19　短程飞机并联混合电动涡轮风扇发动机的变型和运行模式 [27]

　　　　　　　　　　　　　　　　　　　　　　　　电动飞机技术基础

螺旋桨发动机。

在全涡轮电推进中，所有推力都由燃气轮机从燃料中提取，并通过发电机传输到驱动推进器的电动机上。这种系统集成可能发生在常规动力装置包络内，或者电动机／推进器可远离动力装置进行安装。在后一种配置中，风扇气流和发动机的核心机气流在物理上是分开的。当还使用电池时，该配置方式称为串联混合动力架构（见图 6.20）。

其他动力源和涡轮发动机也可以用于定义冗余结构，如图 6.21 所示，在该结构中，可以使用气体动力单元(燃气轮机＋发电机＋整流器)或电池为推进器的电动机供电。

图 6.20　涡轮发电（总）和串联混合动力推进架构（改编自参考文献 [23，25，17]）

（a）涡轮发电的工作原理；（b）涡轮发电（整体）；（c）混合动力

为了选择最佳配置，必须对飞机总体级别进行架构折中权衡和优化设计。

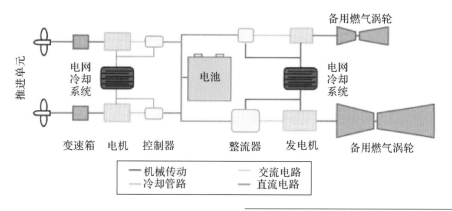

图 6.21　冗余架构的混合电推进（HEP）系统[28]

混合动力系统的优化需要提高电驱动系统、热管理系统、功率提取和能量存储的效率和比功率。现在考虑混合电推进体系结构如何实现以下配置：

（1）边界层吸入（BLI）：允许推进系统为边界层效应供能，而不会使进入涡轮核心机的气流畸变。

（2）分布式推进器（DEP）：通过分布式推进器有效提高风扇的涵道比（BPR）。

（3）低碳排放设计：使用电动机和 / 或机载清洁储能装置，减少基于燃烧的推进力（和排放物）。

BLI 技术是发动机使气流边界层脱离飞机机身等其他表面，并接触风扇而不会造成破坏性干扰的能力，如果能够做到这一点，那么推进装置可以移至更靠近机翼或机身的位置，以降低由结构质量和大型吊舱或挂架所引起的飞行阻力。

大部分气动黏性阻力包含在边界层中。若使用靠近机身的小型风扇，则可以吸入并加速该区域，从而消除一些飞行阻力。因此，可以通过重新激励低能量、低动量的尾流来提高飞机总体推进效率（见图 6.22）。

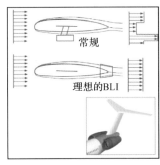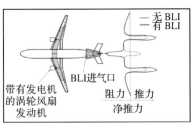

图 6.22　边界层吸入（BLI）[22, 29]

使用部分涡轮发电系统可以利用 BLI 的优势，可以通过使用传统或先进的涡轮发动机，使其产生推力并驱动安装了齿轮箱的发电机来为一个或多个远程 BLI 风扇电机提供动力。针对图 6.22 所示的应用 BLI 的推进电机功率为 2 ～ 3 MW。以上仅代替从涡轮发动机获取能量，还可利用其他能源（电池或燃料电池）（见图 6.23）。

然而，边界层吸入系统意味着进入风扇的气流不均匀。由于进气流变形畸变，为了增加潜在的收益，涡轮增压机械尤其是风扇叶片必须能够承受相关的不稳定状况。为了在 BLI 配置中遇到的变形进气流量条件下提供最佳性能，必须进行专门的风扇优化设计，而分布式推进 DP 为 BLI 提供了较好的解决方法，并提供以下功能：

（1）低比推力的推进器和安装设备；

电动飞机技术基础

（2）结构效率/优化的推进系统质量；

（3）最小化非对称推力，减小垂直尾翼面积；

（4）降低喷气速度和喷气噪声。

带有 BLI 的分布式推进 DP 的以下配置可以实现降低巡航推力要求的飞机设计优化：

（1）吹翼结构（偏转滑流）。大量小型推进器使机翼上的空气均匀加速，从而在较低飞机速度下提供额外的升力，使机翼阻力更低。

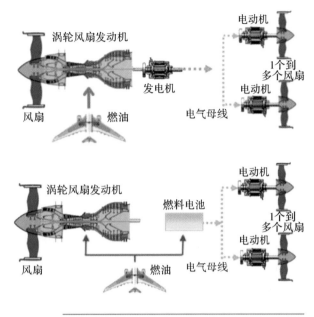

图 6.23　部分涡轮电推进系统架构；用于产生推力的涡轮风扇和用于 BLI 的电动机 / 风扇 [27]

（2）机身设计。在没有两个大型高涵道比发动机的限制情况下，可以采用诸如翼身融合机体（BWB）之类的飞机新构型且更具空气动力学特性的设计结构。

在飞行周期中，混合电推进的灵活性如何能够提供设计和运营优势？在其他应用场景中，例如汽车和船舶的混合动力系统，可在车辆的运行周期中带来好处。实际上，常规动力系统失去了其额定工作点的高效率，而混合电推进改进方案可以纠正这一问题。而且，这些好处对于具有复杂操作周期（包括起停和可变负载）的交通运输工具最为重要。因此，带来巨大利益的混合电动推进船舶现在广泛地占据着海洋领域。但是，飞机并不像汽车和轮船那样需要频繁的起停，同时还需要处理诸如滑跑、起飞和巡航、下降和着陆等飞行程序。典型的飞行周期的特征在于其非常不对称的功率需求分布形式，其动力需求会起伏不定（见图 6.24）。

由于这些不同的要求，常规的推进系统难以优化，而这便是混合电推进动力系统可以发挥作用并提供改进的地方。在必须为最大功率需求（起飞）确定常规燃气涡轮发动机尺寸的情况下，通过利用功率变化的要求，可以实现混合动力系统电气设计的最佳尺寸。

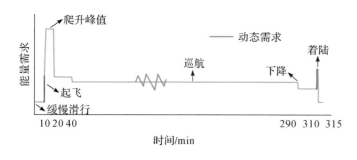

图 6.24　典型的飞机飞行包线[30]

实际上，混合电推进的电气架构提供了多种能源选择和能源组合，可以为风扇（或螺旋桨）供电。这种灵活性可以使飞机在飞行周期内的能量峰值变得平滑，同时在关键的起降阶段具有能量快速增强的能力。

现在集中讨论在处理混合电推进系统时涵道比如何获得提升。回顾过去，由于高油价的限制，飞机制造商近年来重新引入解决方案以减轻其对飞机燃油经济性的负面影响，并同时提供更环保的解决方案。发动机制造商现在已经能够突破燃气轮机、螺旋桨和风扇技术边界的界限，通过采用新方法来实现增量目标。涡轮风扇发动机的主要改进领域之一是涵道比（BPR），该值已达到 12。从图 6.8 可以知道，提高 BPR 可以提高发动机整体效率，但这会增加质量和阻力，并限制了安装可能性。传统涡轮风扇发动机的大风扇直径和质量限制了它们可以放置在机身上的位置（通常是机翼下方），它们的安装位置无法使用先进的空气动力学效率提升技术加以解决。

在不使用大直径涵道风扇的情况下，提高有效涵道比的方法是使用分布式电推进（DEP）解决方案。

6.3.1.3　分布式电推进技术

涵道风扇（或螺旋桨）分布式推进（DP）系统很可能是传统吊舱式涡轮发动机较有吸引力的替代方案。DP 配置从字面上是将整体电推进系统分解为分布在整个飞机上的多个较小的子系统，DEP 和分布式混合动力推进（DHEP）包括许多由电力驱动的风扇（或螺旋桨），这些风扇集成在机身中，改善了飞机的质量和空气动力学性能。

在分布式混合电推进系统中，全涡轮电分布式推进（TeDP）（见图 6.25）有几个重要优势，尤其是在解耦的能量管理系统（DEM）方面。全涡轮电分布式推进可更准确地被认为是一种能量解耦设计方法，是实现 HEP 的一个总体概念。DEM 带来的主要好处是可以实现与飞机的配置和操作有关的大量选项。

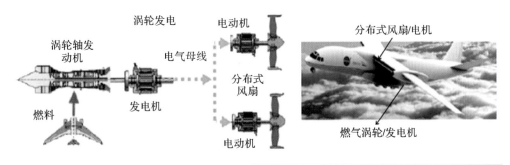

图 6.25 分布式混合涡轮电推进架构（全涡轮电）[27, 31]

将燃气轮机与推力产生器（分布式）分离，可以带来许多独特的优势，这些优势可以极大地改善飞机的性能和效率。涡轮风扇发动机的设计在风扇和燃气涡轮之间建立了机械连接关系，从而迫使所有组件，如风扇、低压和高压压气机以及涡轮等部件都必须妥协其各自的最高效率工作点。因此，拆下机械联动装置或传动轴，并用电气系统代替，可以使要优化的组件彼此之间的耦合影响减少，尤其是在转速耦合方面。

这不仅可以降低零件质量和减少燃油消耗，而且可以获得其他优点，例如：

（1）将辅助电源（锂电池、超级电容器、燃料电池）用于故障模式或减小燃气发生器的尺寸；

（2）有效的涵道比增大而无须使用很大直径的风扇；

（3）在任何飞行阶段都可以更精细地控制功率分配。

引入 DEM 解耦能量管理方法的确带来了较高能量传输损失和推进组件质量的整体增加，从效率的角度来看，其可以提高推进效率，但是除非是常规电机技术已经提升，否则这种增加不能抵消质量损失。除非全涡轮电分布式推进（TeDP）技术水平较为经济，否则节省的燃油消耗必须远远高于固定起飞总质量时推进系统质量的增加。图 6.25 所示的发电机功率在 7.5 ～ 12 MW 范围内，而每个机翼的 4 个风扇 / 电动机组件的额定功率为 1.1 ～ 1.5 MW。

除了提高发动机涵道比（BPR）之外，BLI 也是提高推进系统总体效率的另一重要技术手段。通过采用 BLI 和 BPR 逐步增加的方法，颠覆性的推进架构（例如 DP）可以释放更多的飞机潜力。

借助 DHEP，有效系统 BPR 可以提高到 20，远远超过了最新涡轮风扇发动机的理论值。

6.3.2 技术实现

本节概述支持电推进（EP）和混合电推进（HEP）的技术发展及其技术挑战，以及可预计实现的时间表。

6.3.2.1 电机

在小型通用航空 EP 系统中，取代发动机的电动机功率重量比最高可达活塞式发动机的 6 倍，从效率的角度来看，可实现 4 倍的改进，并且电动机在使用时可消除噪声影响。目前已经开发出功率密度高达 $5 \sim 6.5 \ kW/kg$，且效率达 97% 的电动机，并且其正在应用于小型通用航空（GA）飞机。图 6.26 是一些专门用于大型和小型推进演示飞机的电机原型的示例。

垂直起降无人机 (HEP)　　GA (DEP)　　　GA (EP)　　　　　短程 (HEP)
6 kW 发电机　　　　　60 kW 电动机　　260 kW 电动机　　　1 MW 电动机
(Launch points 公司)[32]　(Joby 航空)[33]　　（西门子）　（伊利诺依大学/罗尔斯-罗伊斯公司)[27]

图 6.26　高功率密度和高效率的电机原型

350 hp 汽油活塞式发动机的功率密度或许不会超过 $2 \ kW/kg$，与其相对应的是，已经展示出了可替代的功率密度为 $5.0 \ kW/kg$ 的 260 kW 电动机的可行性，其功率密度为 350 hp 汽油活塞式发动机的两倍以上。此外，以 2 500 r/min 的电动机转速旋转可以直接驱动螺旋桨，因此有助于消除通常安装在发动机和螺旋桨间笨重且效率低下的机械变速箱。

图 6.27[25] 中显示了 NASA 所获得的各种飞机市场的电动机功率要求。功率约为 1 MW 的电动机与几个飞机细分市场部分相交，因此研究集中在这个功率等级周围。

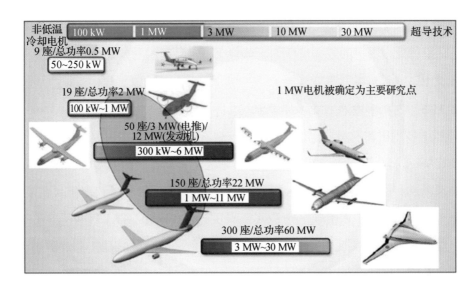

图 6.27　各种类型飞机的电推进功率和电机额定值[25]

为了涵盖广泛的应用对象，电机设计必须经过完全不同的设计流程，才能在系统级达到 10 ~ 15 kW/kg 的长期功率密度目标，如图 6.28[28] 所示。

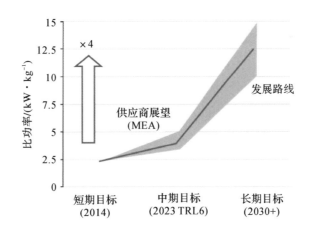

图 6.28　系统级的电机比功率（当前与将来的需求）——技术水平[28]

6.3.2.2　电机控制器

电机控制器所需的电力电子设备的功率密度必须在 20 ~ 25 kW/kg 的范围内。液冷和超低温冷却逆变器正在研究中，在硅基材料之上，基于碳化硅和氮化镓的宽禁带半导体是在多级电动机控制器（逆变器）拓扑中实现的功率开关器件研究的主要内容。而像非常激进的效率目标（＞99%），其针对的对象是必须使用高压直流母线（＞1 kV）工作的功率变换器。

6.3.2.3 电机和电机控制展示样机

电推进技术正在利用其他行业中电机控制器技术取得的进展，例如，西门子与法雷奥（Valeo）合作，凭借其在汽车电动马达控制方面的专业知识，设计了适用于城市机动性和通用航空电推进的液冷高功率密度控制器。由于在控制器的功率电子（逆变器）部分中引入了碳化硅（SiC）开关设备（MOSFET）代替了硅（Si）基IGBT，目标这才得以实现。以下两个飞机的应用例子有助于说明这项技术的转变是如何较大改善电机和控制器的功率重量比的。

（1）城市空运 CityAirbus：这种 4 座多旋翼 VTOL 飞行器的 8 个螺旋桨由 8 个 100 kW 低速、高扭矩电动机驱动，为了展示，提升了 200 kW 的电动机的功率密度。如图 6.29 所示的 SiC 电机控制器具有 100 kW 的约为 12 kW/kg 的按比例放大功率密度。

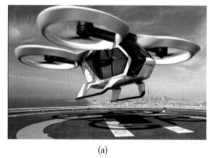  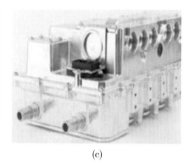

(a) (b) (c)

图 6.29　城市空运的电动垂直起降（eVTOL）飞机、推进电机和控制器
（a）城市空客 – 城市空运（渲染图）；（b）200 kW 推进电机；（c）SiC 电机控制器（西门子）

（2）通用航空 Extra 330LE：世界上第一个经 CS23 正式批准的两座特技飞行通用飞机 Extra 330LX 的试验版本。这架飞机的功率要求由图 6.26 所示的 260 kW 的电动机来满足，它使用两个电机控制器，如图 6.29 所示。多个电动机的优化设计确保可达到约 6 kW/kg 的功率密度（此电机见图 6.30），但其尚未通过测试确认。而且，利用两个电动机控制器允许独立地控制电动机绕组。因此，电机控制器的整体密度达到了约 15 kW/kg，这部分地弥补了飞机制造商期待已久的技术差距。

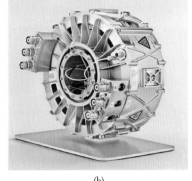

(a)   (b)

图 6.30　电动 GA 试验飞机 + 冗余推进电机

（a）通用航空 330LE 测试飞机；（b）260 kW 冗余电机（西门子）

6.3.2.4　电气材料

参考文献 [27] 显示了电气材料中关键研究领域的详尽列表：

（1）新型软磁材料可改善功率变换器、滤波器和电机的性能；

（2）具有更好热传导性能的电气绝缘材料可提高电机性能；

（3）用于减少电缆质量的高导电性铜 / 碳纳米管导体材料；

（4）电机或配电用交流超导绕组 / 布线。

6.3.2.5　**超导电力系统**

当飞机尺寸增加时，推进电功率水平必须在兆瓦级范围内，并且对电气效率的要求变得严格，必须设计和验证新的高压超导电气组件。

例如，在较高额定功率下，甚至先进的常规电机也由于在绕组和由其电阻引起的电缆中的大量热损失而表现出效率上的缺陷。解决此问题的一种方法是通过超导技术将电阻降至零值。超导是恰好为零电阻的量子力学现象，当某些材料被冷却到临界温度以下时，就会发生这种现象。与传统的基于铜或铝的技术（例如光）相比，它可使电气组件更小、更轻、更高效。质量轻的二硼化镁（MgB_2）超导电线已在医疗应用中使用。因此，通过将电缆、发电机、电动机和其他组件冷却到极端水平（−252 ℃），可以在从能源（燃气动力装置和能量存储）到推进器的电力分配中利用超导的电特性。

总之，由于超导电气系统必须将其冷却至极低的温度，因此可以提高大型飞机的

EP 的比能和效率。这种低温冷却可以通过将热量传递到用作热沉的低温流体（例如液态氢、液态氦或液态氮）来实现。这可以为机上可能需要的"低温"燃料协同增效开辟新途径。当然，燃料电池会从氢中产生电能，氢气必须以液态形式冷却至 −252 ℃。

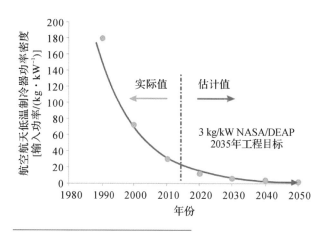

目前替代的冷却解决方案在于通过电力低温冷却器自动产生必要的低温。太空宇航和其他行业应用已经集成了低温冷却器，但是要在飞机上应用则要求将其功率密度从 20 kg/kW 降低到 3 kg/kW（见图 6.31）。

图 6.31　低温制冷器的功率密度预测[22]

6.3.2.6　燃料电池

若使用氢燃料代替航空燃料，则燃料电池可以用作推进系统和机载系统的电能来源。若使用化学重整器将燃料转化为氢，则燃料电池还能够从航空燃料中产生能量。燃料电池技术主要有两种类型：质子交换膜（PEM）和固体氧化物燃料电池（SOFC）。后者仅消耗所处理燃料的 80%，并且需要将进气预热至 1 000 ℃，这就是为什么它更适合于混合动力而非 EP 的主要原因。因此，只要将来达到超出目前要求的功率密度，在较低温度（约为 100 ℃）和较低压力下工作的 PEM 燃料电池就可以成为燃气轮机动力系统的电推进替代品。

通常认为，将 SOFC 作为带有燃气轮机混合推进系统的一部分效果最好，由此产生的联合体循环在理论上可以达到 70% 的热效率。SOFC/ 燃气轮机组合具有优于传统涡轮风扇或涡轮螺旋桨推进系统的多个优势。这些优势包括提高能源效率、减少排放、节省燃料、降低噪声和高效集成。然而，面对航空电推进中特定能源的严峻挑战，必须降低 SOFC 的质量、体积和成本。

传统上 SOFC 的开发侧重于低成本、高效率的固定式功率，而对质量和体积的关注则较少。另外，SOFC 用于航空应用的主要缺点是它们并未被专门设计用于高比功率密度。利用发展前景好的新材料和封装技术，SOFC 燃料电池的功率密度和

　　　　　　　　　　　　　　　　　　　　　　　　　　　　　　　　电动飞机技术基础

比例可以提高到参考文献 [34] 中考虑的技术状态值的两倍以上。因此，其性能提高两倍，再加上质量减少为原来的 1/2，比功率提高 4 倍。

图 6.32[34] 显示，PEM 燃料电池在较低的功率和电流密度下运行效率较高。对于巡航功率为起飞功率的 1/3 的应用场景，这将导致巡航时潜在的燃料电池堆效率为 71%，而起飞时的效率为 59%。这使其非常适合某些应用，因为巡航时燃料消耗是飞行任务中燃料消耗的主要因素。

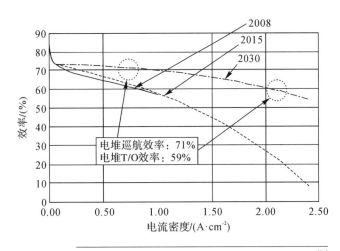

图 6.32　PEM 燃料电池效率（当前与未来技术趋势）[34]

燃料电池比燃气轮机效率更高，因此可以减轻燃料消耗和载荷。此外，由于燃料电池运行产生的绿色副产品（例如热量、水或者耗氧量大的废气等），飞机上的多功能集成可允许燃料电池保障除冰、机舱内空调温度调节、供水或灭火等重要活动。

图 6.33 一方面比较了当前和未来用于航空的燃料电池 EP 的功率和能量密度，另一方面比较了当前的涡轮风扇发动机 [35]。该图显示的参数值是系统集成水平的，其中考虑了燃料负荷和运载燃料的油箱，因此，在燃料电池系统质量、电机 / 氢燃料和油箱以及涡轮风扇 / 煤油和油箱之间进行了背靠背的比较。

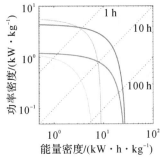

黄色：目前的燃料电池(1.6 kW/kg)+电机(5.2 kW/kg)+
　　　H_2燃油和油箱(简单固定)
蓝色：未来的燃料电池(8 kW/kg)+未来的电机(10 kW/kg)+
　　　H_2燃油和油箱(优化液体)
绿色：涡轮风扇发动机+煤油和油箱(空客A320ceo)
虚线：飞行任务时间

图 6.33　燃料电池的电推进系统（当前 / 未来技术）和涡轮风扇的功率密度和能量密度[35]

参考文献 [35] 中的分析表明，未来的燃料电池具有更高的功率密度和能量密度，可以成为涡轮风扇发动机值得关注的替代品，飞行时间越长，它们与涡轮风扇发动机相比的性能就越好。

6.3.2.7　电池技术

锂离子（Li-Ion）电池比以前的产品具有更高的能量密度，已被用于飞机的最新开发项目中，但它们通常是备用能量存储系统。先进的电池技术可能会成为能够提供 EP 或 HEP 飞机的主要能源。然而，即使在仅使用 HEP 的情况下，它们在大型飞机上的实施应用最终都被归结为具有非常高的能量密度。此外，电池的循环寿命可能是重要的业务驱动因素。

尽管还有很长的路要走（见图 6.34），但科学家预计，在未来的 20 年内，新一代储能系统的能量密度将超过 10 000（W·h）/kg。这无疑是相比于如今最佳性能的巨大飞跃，但是仍然有必要涵盖大型飞机的系统级长期目标。

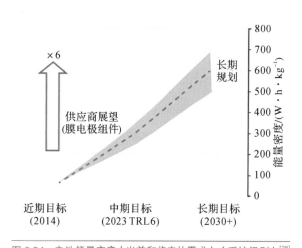

图 6.34　电池能量密度（当前和将来的需求）（系统级别）[28]

锂空（Li-Air）电池有望为储能需求提供良好的解决方案。由于其电极阴极更轻，所以它们的能量密度指标比锂离子技术要好。此外，其使用氧气进行操作，可在飞行环境中免费使用。

其他交通运输部门（汽车）的发展也使航空航天工业受益。由于汽车和小型通用飞机之间的功率范围和大小相似，因此其方案的直接集成作用变得可行。

为了说明这一点，图 6.35[36] 比较了各种电池技术之间的能量密度，并强调了锂空电池的潜力达到了 1 700（W·h）/kg。与汽油动力汽车内燃发动机相比，其气体排放量不高。"实际值"对应于包括动力总成和能源（电池或汽油）的系统边界，而"理论值"是指能源（锂或汽油）背后的原料的能量密度。

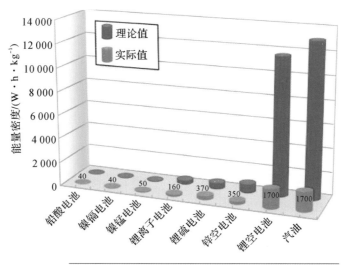

图 6.35　电池和汽油发动机的能量密度（动力总成水平）[36]

6.4　结　　论

综上所述，在大型飞机制造商选择引入电推进技术之前，可以预见，至少有 20 年的研究和开发周期才能使电推进（EP）技术投入应用（电机、超导系统、燃料电池和电池）。图 6.36 显示了为实现各种技术成熟度（TRL）[25] 而设计的各个飞机类型的电推进（EP）系统的时间。

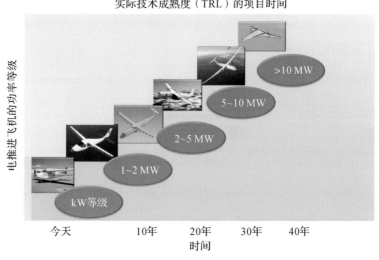

图 6.36　电力推进：时间与飞机发展阶段 / 功率的关系（改编自参考文献 [25]）

实际上，短程和远程飞机为技术成熟度和性能设定了很高的标准，而技术路线图必须在技术和路线图纳入电动飞机开发之前提供。然而，在解决小型通用航空飞机的技术需求时，由于复杂性和约束性较小，可能会提前实现目标，且可能会发现某种研究捷径，因此有可能成为电推进技术的早期采用者。这些飞机不需要超导技术，它们可以用不太严苛的储能能量密度来实现。

在全球范围内，针对先前讨论的电推进架构的各种研究和技术开发计划正在全面展开。未来的电动力和混合动力设计将大大减少燃料的消耗和温室气体的排放。在这种架构下，对常规航空燃料的依赖将减少，替代能源的潜力将得到增强。

参 考 文 献

[1] https://www.cgtrader.com/3d-models/aircraft/part/aircraft-engine-of-continentalio-550, accessed Feb. 12, 2018.

[2] http://www.algavia.top/cirrus-sr-22/, accessed May 1, 2018.

[3] https://www.aelisgroup.com/news/aelis-group-arranged-the-sale-of-3x-pw127, accessed May 1, 2018.

[4] http://saspozatlse.free.fr/ATR%2072.html, accessed February 2, 2018.

[5] http://www.aeroexpo.online/fr/prod/safran-aircraft-engines/product-170451-869.html,accessed February 12, 2018.

[6] http://theflight.info/airbus-a320-american-airlines-photos-and-description-of-theplane/,accessed February 12, 2018.

[7] https://www.turbinesinfo.com/gas-turbines/, accessed October 18, 2018.

[8] Air Transport Action Group (ATAG), "Beginner's Guide to Aviation Efficiency," Air Transport Action Group (ATAG), November 2010, https://www.atag.org/component/attachments/attachments.html?id=615, accessed November 20, 2018.

[9] https://www.compositesworld.com/articles/composites-in-commercial-aircraftengines-2014-2023, accessed Feb. 18, 2018.

[10] https://www.economist.com/news/science-and-technology/21684775-quieter-moreeconomical-jet-engine-fitted-gearbox-about, accessed February 14, 2018.

[11] https://www.cfmaeroengines.com/engines/, accessed February 16, 2018.

[12] Image source https://thepointsguy.com, https://www.google.com/search?q=737-MAXengine&client=firefox-b&source=lnms&tbm=isch&sa=X&ved=0ahUKEwiUoIb0peXaAh XFthQKHToiBuoQ_AUICigB&biw=1024&bih=694&dpr=1.25#imgrc=QGmwlihkqg1zlM, accessed February 16, 2018.

[13] http://www.mro-network.com/manufacturing-distribution/cfm-confirms-initial-leap-1a-and-leap-1b-assembly-allocation, accessed February 16, 2018.

[14] Image source https://aviator.aero/, https://www.google.com/search?q=pw1100g-jmengine-4&client=firefox-b&source=lnms&tbm=isch&sa=X&ved=0ahUKEwj1hICIq-XaAhWLtRQKHexcBR0Q_AUICygC&biw=1024&bih=694&dpr=1.25#imgrc=yvpEL-IaDbpgdM, accessed February 16, 2018.

[15] http://www.air-cosmos.com/pratt-whitney-envisage-des-changements-sur-songtf-102223, accessed February 16, 2018.

[16] https://commons.wikimedia.org/wiki/File:Gas_turbine_efficiency.png, accessed February 14, 2018.

[17] Committee on Propulsion and Energy Systems to Reduce Commercial Aviation Carbon Emissions; Aeronautics and Space Engineering Board; Division on Engineering and Physical Sciences; National Academies of Sciences, Engineering, andMedicine, Commercial Aircraft Propulsion and Energy Systems Research: Reducing Global Carbon Emissions, (The National Academies Press, 2016), ISBN 978-0-309-44096-7, DOI 10.17226/23490, http://nap.edu/23490, accessed February 19, 2018.

[18] http://www.cimne.com/vpage/2/2189/Objectives, accessed February 17, 2018.

[19] http://www.foundrymag.com/moldscores/alcoa-s-100-million-investment-castingexpansion-completed, accessed May 1, 2018.

[20] https://www.knaviation.net/air-france-boeing-787-inaugural-part-2, accessed May

1,2018.

[21] Sinnett, M.,"787 No-Bleed Systems—Saving Fuel and Enhancing Operational Efficiencies," AERO Magazine Q4, 2007, published by Boeing.

[22] Armstrong, M.,"Superconducting Turboelectric Distributed Aircraft Propulsion,"Rolls-Royce, Cryogenic Engineering Conference/International Cryogenic Materials Conference, Tucson, AZ, USA, June 28-July 2, 2015.

[23] Garrigan, N., Aviation Electrification, GE Aviation, Power Systems Track Panel— Electric Flight, SAE 2016 Aerospace Systems and Technology Conference (ASTC),Hartford, CT, USA, September 27-29, 2016.

[24] Hepperle, M.,"Electric Flight—Potential and Limitations," prepared by German Aerospace Center (DLR) for NATO STO Workshop "Energy Efficient Technologies and Concepts of Operation", 2012, doi:10.14339/STO-MP-AVT-209.

[25] Heidmann, J.,"NASA Investments in Hybrid-Electric Technologies for Large Commercial Aircraft," NASA Glenn Research Center, Electric & Hybrid Aerospace Technology Symposium 2015, Bremen, Germany, November 17-18, 2015.

[26] Bradley, M.K. and Droney, C.K.,"Subsonic Ultra Green Aircraft Research: Phase II—Volume II—Hybrid Electric Design Exploration," prepared by the Boeing Company forNASA Langley Research Center, Contract NNL08AA16B—Task Order NNL11AA00T, NASA/CR-2015-218704/Volume II, April 2015.

[27] Jansen, R.H., Bowman, C., Jankovsky, A., Dyson, R. et al.,"Overview of NASA Electrified Aircraft Propulsion Research for Large Subsonic Transports," NASA Glenn Research Center, EnergyTech 2017, Cleveland, OH, USA, October 31-November 2, 2017.

[28] Rostek, P.,"Hybrid Electric Propulsion—A European Initiative for Technology Development," Airbus, Electric & Hybrid Aerospace Technology Symposium 2015, Bremen, Germany, November 17-18, 2015.

[29] http://www.aircosmosinternational.com/aurora-explores-turboelectric-aircraftconcept-102265, accessed March 6, 2018.

[30] Malkin, P.,"Hybrid Electric Distributed Propulsion Aircraft—A Hybrid Like No Other?", Newcastle University, Electric & Hybrid Aerospace Technology Symposium 2015, Bremen, Germany, November 17-18, 2015.

[31] Based on image from http://aviationweek.com/awin/turbo-electric-concept-formslatest-focus-esaero accessed March 6, 2018.

[32] Ricci, M.,"Gen-Sets for Hybrid-Powered Transformative Flight," LaunchPoint Technologies, Transformative Vertical Flight Concepts: Second Annual Joint Workshop on Enabling New Flight Concepts through Novel Propulsion and Energy Architectures,AHS-AIAA-NASA, NASA Ames Research Center, CA, USA, August 3-5, 2015.

[33] Clarke, S., Papathakis, K., Samuel, A., Lin, Y., and Ginn, S.,"NASA SCEPTOR Electric Concept Aircraft Power System: X-Plane Electric Propulsion System Design and Qualification for Crewed Flight Testing," NASA Armstrong Flight Research Center, IEEE Transportation Electrification Conference and Expo (ITEC), June 27-29, 2016, Dearborn, MI, USA, doi:10.1109/ITEC.2016.7520287.

[34] D'Angelo, M.M., Gallman, J., Johnson, V., Garcia, E. et al.,"N+3 Small Commercial Efficient and Quiet Transportation for Year 2030-2035," prepared by GE Aviation,Cessna Aircraft and Georgia Institute of Technology for NASA Langley Research Center, Contract NNC08CA85C, NASA/CR-2010-216691, May 2010.

[35] Kadyk, T., Krewer, U., Winnefeld, C., and Hanke-Rauschenbach, R.,"Analysis and Design of Fuel Cell Systems for Aviation," Energies 11 (February 6, 2018): 375,doi:10.3390/en11020375, published by MDPI.

[36] Nikolić,Z. and Živanović, Z., "The Contribution and Prospects of the Technical Develoćpment on Implementation of Electric and Hybrid Vehicles," http://dx.doi.org/10.5772/51771, published by Intech.

第 7 章

飞机应用　第一部分

——电力推进和电动滑行

CHAPTER SEVEN

·电动飞机技术基础·

本章介绍应用于不同飞机市场的各种电动和混合电动（HE）推进概念的案例研究、项目展示和项目计划。预计这些技术将更加环保，并且在某些情况下可能会大幅减少飞机燃油消耗，这与美国 NASA 和欧洲航空研究咨询委员会（ACARE）制定的航空运输目标相一致（见图 7.1）。欧盟委员会在其飞行地平线 2050 航空远景中确立了在 2050 年需要达到的目标，即将二氧化碳减少 75%，氮氧化物减少 90%，噪声减少 65%。

目　标	相对于 2000 年飞机的技术收益	
	2020 年目标	航迹 2050
CO_2 每千米减少量	−50%	−75%
NO_x 减少量	−80%	−90%
降噪	−50%	−65%
滑行		零排放
制造与设计		所有飞机可回收循环利用
可持续替代燃料		欧洲建设成卓越中心
大气研究		欧洲走在前列

（a）

目　标	N+1=2015 相对于单通道配置的技术收益	N+2=2020 相对于大型双通道配置的技术收益	N+3=2025 技术收益
噪声（累计低于四级）	−32 dB	−42 dB	−71 dB
低温氧化物（LTO）NO_x 排放 [在航空环境保护委员会（CAEP）规定 6 级以下]	−60%	−75%	优于 −75%
性能：飞机燃油消耗	−33%	−50%	优于 −70%
性能：机场跑道长度	−33%	−50%	开发利用大都会概念

（b）

图 7.1　美国 NASA（N+3）和欧洲 ACARE 航空运输目标（飞行路线 2050 计划）

7.1 基于电池的电推进技术（小型通用航空）

自 2015 年以来，蝙蝠（Pipistrel）飞机公司一直在销售 Alpha 电动飞机，这是一款符合飞行学校需求，用于飞行员培训的商用双座电动飞机。其主要性能包括 80 mile 的航程、较短的起飞距离、高达 1 000 ft/min 的爬升率，以及 1 h 的续航时间加上 30 min 的储备续航时间。Alpha 电动飞机针对城市交通模式运行进行了优化，在每次飞机进近中回收 13% 的能量，增加了续航能力，同时实现了短距离着陆。面对不断上涨的燃油成本，针对这架飞机所取得的技术进步将使飞行员培训成本削减 70%。无有害气体排放和较低的噪声可以使训练作业设置在离城镇较近的小型机场。此外，Alpha 电动飞机符合超轻型飞机和美国材料试验协会（ASTM）轻型运动飞机（LSA）标准，以及相关电推进技术标准。

飞机的电动动力总成单元由一个简单的操纵杆操纵，从而减轻了飞行员的操纵负担。这架飞机的设计特点包括安静的驾驶舱、反应灵敏的动力系统及无有害气体排放。动力总成单元的额定功率为 50 kW，推进螺旋桨转速在 2 100 ～ 2 400 r/min 之间（见图 7.2）。

图 7.2 基于电池的全电推进飞机（双座教练机）（Alpha Electro）

Bye 航空公司也制造了一种成本收益较高的双座电动飞机，类似于 Alpha Electro，用于飞行员培训。

2016 年，单座远程实验太阳能飞机"阳光动力"号完成了有史以来第一次环球系列飞行（包括充电和维修时间），并创造了多项世界纪录。机上没有携带任何化石燃料，只有太阳能电池。

利用可再生能源（太阳能）为电池充电，航空电动飞机公司（Aero Electric

Aircraft Corporation，AEAC）正在专注于开发名为"太阳飞人"的电动两座和四座训练机。它通过了 FAR-23 认证。锂离子电池驱动电推进系统，直接驱动复合推进器。动力系统性能由电子控制单元控制，以确保电池组能量处在最佳利用状态。与传统动力飞机相比，由于减小了发动机尺寸和冷却进气要求，所以冷却阻力减小，机头面积更小。另外，利用额外的叶片面积可以提高推进螺旋桨的效率。无有害气体排放和低噪声（55 dB）的性能允许其可在靠近人口稠密地区的机场进行运行操作。发动机控制简化，可以通过单一的控制杆直观地调整电机的油门，驾驶更容易，无须像使用内燃发动机的飞机一样调整混合燃气浓度或监测气缸盖温度。"太阳飞人"的运营成本仅为配备航空燃料内燃机的类似训练飞机成本的 1/5。每飞行小时只需要 3 美元的电力消耗。

在 2014—2015 年间，空客公司在一架名为"E-Fan"的双座飞机上进行了飞行展示。这是一架 1 100 lb 重（空重）的训练飞机，装备有电推进装置，可自主飞行 1 h。电推进系统使用 250 V 的锂离子聚合物电池组，为两个 30 kW 的电风扇马达提供动力，并产生 340 lb 的推力。

可以看出，推力需求较小的小型通用航空飞机是电推进技术的首选，轻型运动飞机（LSA）类别中的商用双座教练机也说明了这一点。然而，如果短期内电池达到一定的不同的功率密度，大容量飞机也可能从电推进技术中获益。在可行性研究和实际验证测试项目的支持下，对这一领域技术开发的研究正在加速进行。

到 2025 年，第 6 章中讨论的电机解决方案可能会应用于通用航空飞机的全电或混合电推进，如四座西锐 Cirrus SR-22 通航飞机（见图 7.3），其最大起飞重量可达 4 000 lb。

在同一时间段内，电池能量密度为 500（W·h）/kg 的通用航空飞机电推进系统可允许飞行范围达到 500 n mile。这将使温室气体排放量减少 90%，且运营成本降低约 30%。到 2020 年，航程超过 300 n mile 的早期目标可以在电池能量密度达到 400（W·h）/kg 的时候实现。此外，不可忽略的优点是电推进技术可以显著降低飞机发动机噪声。

图 7.3 西锐 Cirrus SR-22
通航飞机

电推进技术提供了可靠的设计保障。另外，电推进技术固有的集成优势使其适用于各类紧凑型飞机，包括通用航空中的小型飞机。除此之外，当进行冗余分布式电推进（DEP）设计时，额外的集成优势可实现空气动力学与推进系统、控制系统、声学和飞机机体结构之间的紧密耦合。

为了满足与失速条件、机场跑道长度相关的限制条件而使得飞机机翼尺寸过大，传统的通航飞机只有在低速巡航时才具有较好的空气动力学效率，进而会影响飞机的升阻比。当转换为电动飞机时，机翼缩小，与分布式电推进技术结合使用，可提供更好的机翼载荷、更具弹性的空气动力学、更低的阻力和更高的升力，因此可以在巡航期间实现更高的速度（见图 7.4）。

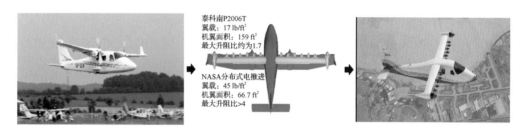

图 7.4 将常规通用航空飞机重新设计为分布式推进的电动飞机

自 2014 年以来，美国宇航局一直致力于电推进技术研究的"SCEPTOR"项目以验证分布式电推进概念。它包括分布式电推进高升力系统的模拟风洞地面验证（见图 7.5）。该试验表明，与传统推进系统相比，在较低的速度下，整个飞行器前沿推进器的功率分配产生的升力是传统推进系统的两倍多。

图 7.5 分布式电推进高升力系统地面验证平台和 X–57 Maxwell 电动分布式测试飞机（在研）

X-57 Maxwell 是一架改装的 4 座 P2006T 通用航空电动飞机，它将能够对分布式电推进技术进行飞行测试，其目标是证明高速巡航时的能源使用可低至传统推进的 1/5，飞行中碳排放为零，相对地面社区的飞行噪声更小。试验飞机包括 14 个电动机（沿机翼前缘的 12 个高升力电动机和 2 个大型翼尖巡航电动机）和螺旋桨。

高展弦比的验证机的机翼面积将大幅减小，机翼载荷从 17 lb/ft^2 增加到 45 lb/ft^2。机翼面积的减小将有助于飞机减小摩擦阻力，并提高其巡航飞行效率。该测试必须确保带有集成高升力电机系统的改进机翼，它能让 X-57 与参考 P2006T 飞机以相同的速度起降，飞机对阵风和湍流的敏感度也会降低，从而使飞行更加平稳。

通过电推进技术提高飞机巡航效率最关键也是最引人注目的因素之一是将大功率巡航电动机重新安置到机翼顶端。100 hp（73.5 kW）的原装 Rotax 912S 活塞式发动机将被 Joby Aviation 开发的 60 kW 的电动机所取代，从而将每个电动机和螺旋桨的质量从大约 125 lb 减少到 57 lb。质量更轻的电动机允许将其重新安置在舷外。通过将巡航电动机从内侧位置移到飞机翼尖，巡航电动机将回收在翼尖涡流中损失的能量。X-57 具有以下特点：

（1）飞机质量：约 3 000 lb。

（2）巡航高度：9 000 ft。

（3）巡航速度：172 mile/h。

（4）电池：69.1 kW·h 的锂离子电池。

（5）2 个巡航外转子式电机和螺旋桨：Joby 公司电机（60 kW），风冷，直接驱动，永磁 6 相电机。

（6）12 个高升力内转式电机和螺旋桨：5 叶桨，折叠螺旋桨，10 kW，风冷。

先进的高升力电机和螺旋桨将被设计或与翼尖巡航电动机一起运行，以使 X-57 飞机平稳、快速升空。当飞机平飞后进入巡航模式时，高升力电机就会停止工作，每台电机的 5 个螺旋桨叶片会停止旋转，折叠回收到吊舱内，这样它们就不会在巡航过程中产生不必要的阻力。两个翼尖巡航电机将在飞行的这一阶段保持运行。当着陆的时候，高升力电机会重新起动，离心力会使螺旋桨叶片展开，并为进近和着陆创造适当的升力。

首架试飞的分布式电推进飞机 X-plane 还将努力实现飞行中零碳排放的目标，

这将超过美国宇航局 N+3 计划燃料燃烧的减少目标。对于小型飞机来说，电推进技术不仅能使其在生命周期内温室气体排放量减少 80% ～ 90%，还可以通过使用可再生能源发电系统实现零排放。此外，这项技术为小型飞机消除 100 号低铅航空汽油提供了一条技术途径，这也是目前消除环境铅排放的主要途径 [7]。

由于 X-57 将采用电池供电，因此，它以可再生能源为基础运行获取电力，明显具有环境保护和经济优势。

分布式电推进技术利用了电动机的尺度不变性，在任何尺寸下都能获得高功率比和效率，再加上电动机的紧凑性和高可靠性，分布式电推进允许推力在机身上以最佳方式定位，从而提高其空气动力和控制特性。下文将进一步讨论飞机分布式推进的概念。

7.2　城市航空运输

深入思考未来的城市交通模式是当前许多研究的核心问题。更环保、更安静的电动地面车辆在交通市场的更深入渗透必将促进城市噪声和污染状态等方面的显著改善。

据了解，无人驾驶电动汽车技术将颠覆未来道路交通管理解决方案，必将有助于日益拥挤的地面路网得到更好的交通流动性，确保整个地区或大都市的交通流动更加顺畅。在未来，缓解特大城市道路交通饱和的另一种方法是在拥挤的城市环境中，让"绿色"飞行交通工具在空中运行，而直升机的较大噪声是当前没有能够实现这项技术的主要障碍之一。我们需要的是一种无声的环保型垂直起降（VTOL）飞机概念，能够满足大城市地区城市居民不断变化的出行需求。从电动通用航空飞机开发技术的角度来看，城市中心小型飞行交通工具的新概念正在逐渐形成并成为发展趋势。

未来，人们将能够通过智能手机的应用程序呼叫这种飞行汽车。一场比开车快 5 倍、接近零排放的飞行之旅，可能只需点击一下手机就可以预订。它将从乘客所在位置附近的垂直起降中心接到客户，并将他们安全地送到城市中的各个目的地。这种随需应变的航空交通模式有可能从根本上改善城市的通勤和交通流动性。每天通过最多一个小时的日常出行，可以让人们找回在日常通勤过程中损失的宝贵时间。

如参考文献 [8] 中所讨论的，摩天大楼让城市更有效地利用有限的土地，城市航空运输将利用三维空域来缓解地面交通拥堵状况。一个小型电动垂直起降飞机交通网络将使郊区和城市之间以及最终在城市内部实现快速、可靠的运输。与公路、铁路、桥梁和隧道等重型基础设施相比，发展支持城市垂直起降飞行交通网络的基础设施可能具有显著的成本优势。重新利用的现有城市摩天大楼顶部、停车场顶部、现有直升机停机坪，甚至高速公路互通式立体交叉道路周围的一些未利用土地，都可以构成一个广泛的、分散的"垂直起降场"网络的基础设施（垂直起降平台的垂直起降枢纽，以及充电基础设施）或单架飞机的"vertistops"（一个只有最少基础设施的垂直起降平台）。随着传统基础设施方案成本的不断增加，这些新方法所提供的较低的成本和更高的灵活性可能为世界各地的城市和国家居民出行提供更好的选择。

此外，垂直起降交通网络不需要遵循固定的路线。火车、公共汽车和汽车都沿着有限数量的专用线路从 A 到 B 点运送人员，一旦发生一次意外堵塞中断，旅客就会面临严重的出行延误。相比之下，垂直起降交通可以独立于任何特定路径向目的地行进，这样就不会出现类似基于地面道路交通拥堵的普遍现象。

最近，相关电动飞机技术的进步使得制造这种新型垂直起降飞机成为现实。

目前，世界上有几十家初创公司，采用许多不同的设计方法，都正积极努力地使垂直起降空中交通成为现实。目前可以使用的最接近的等效技术是基于直升机的运输手段，但传统直升机噪声太大、效率低、污染大、成本高。垂直起降电动飞机将利用电力推进，因此，在它们的运行中，有害气体排放量为零，并且足够安静，能够在城市中运行而不会干扰其他人的正常生活、工作。在特定飞行高度上，电动飞机发出的噪声几乎听不见，即使是在城市中起飞和着陆的过程中，噪声也将与现有城市背景噪声相当。这些垂直起降飞机的设计也将明显比现在的直升机更安全，因为分布式电动垂直起降系统不需要依赖任何一个单一推进部件来保持空中飞行的安全和可靠性，并且最终将使用无人自主驾驶技术来显著减少飞行员的失误和错误。因此，城市空中交通概念考虑了人工驾驶和自动驾驶两种版本的电动飞行器，与汽车行业的发展趋势相类似。

电推进技术的进步已经实现了接近涡轮发动机的功率密度，且其效率是小型直

电动飞机技术基础

升机涡轮轴发动机的 3 倍多。分布式电推进使常规起降（CTOL）通用飞机的运载工具效率提高了 5 倍。更重要的是，由于分布式电推进使固定翼垂直起降飞机能够避免直升机侧翼旋翼飞行的基本限制，且机翼提供的升力比传统旋翼机大得多，因此可以大幅度提高飞行效率。由于直升机的空气动力效率远低于 CTOL 飞机，分布式电推进垂直起降飞机将有可能实现比现有直升机的飞行效率提高 10 倍以上。

近几年来，多家电动空中出租车初创公司开始活跃，并正在设计和测试垂直起降电动飞机原型机。这些公司与飞机制造商、系统供应商和蓝筹股科技公司建立了合作关系。富有的企业家也在财政上支持一些新型产品开发计划。风险投资公司正在寻找投资机会。各大航空公司和共享单车公司也加入了这场商业和技术争夺战。

就像网约车巨头优步（Uber）和来福车（Lyft）公司所提供的按需移动解决方案领域内正在发生的演变一样，未来的城市移动出行需求也准备扩大这种空中机载服务。如今，这些公司提供的按需流动服务包括将车队 / 个人车辆的可用性与客户的交通需求相匹配。这些出行需求，从个人和职业的流动性到获得服务（健康）或货物运送（食品、采购等），都可以通过空中机动运输迅速得到满足。

全世界有十几家初创公司和航空工业企业，如空中客车和波音公司，都有不同阶段的开发项目。优步（Uber）正在开发一种空中出租车服务，暂定名为"Uber Elevate"，基于垂直起降飞机的各种概念以及它们所需的垂直起降港和垂直起降站点（vertiport/vertistop）等基础设施如图 7.6 所示 [8]。

图 7.6　城市楼顶的"vertihub"起降中心和与城市道路结合的"vertistops"起降场

正确的垂直起降飞行是开拓短程航空运输新市场的关键，必须具备以下条件：

（1）通过冗余系统保证安全性；

（2）低噪声飞行；

（3）经过优化的飞行范围和速度，可快速移动人群往返目的地。

参考文献 [8] 中的分析比较了未来城市机动车辆与电动汽车 50 mile 行程的性能。起飞所需的垂直起降动力要求为 500 kW，质量为 4 000 lb，电池组级别的能量比为 400（W·h）/kg。

分析认为，城市车辆"负担"是车辆效率低下的原因，即车辆多次加速和制动所需的额外能量与交通灯起 / 停标志有关。对于飞机垂直起飞时加速至巡航速度和垂直降落所需的额外能量来说，也是如此。此外，还考虑了交通行程的"负担"，这说明了车辆在道路上拥堵造成了出行效率低下，而飞机垂直起降不存在拥堵的情况，可以在大多数出行中体验到更直接的路线规划。

与电动汽车相比，在较短的行驶距离下，垂直起降飞行的每英里能耗更低，因为它在更高效的巡航模式下花费的时间更少，且垂直起降所需的功率保持不变。因此，在考虑运载工具"负担"情况下，垂直起降飞机的移动效率在长距离时会提高，而在较短距离时会降低。超过 50 mile 的长距离行程将得到较高的巡航效率，使垂直起降飞机与汽车相比更具优势。

在同样较高的汽车和垂直起降飞机运行速度下，垂直起降飞机的运行效率比电动汽车更有优势。电动垂直起降交通提供了一种与高速行驶时的汽车同样有效或效率更高的运输模式。

预计在严重拥挤的城市和郊区以及现有基础设施服务不足的线路上，每天的长途通勤将是城市垂直起降交通的第一个实用案例。这是由两个因素造成的：第一，节省的时间和金钱随着通勤时间的增加而增加，因此垂直起降交通对于那些长距离、长时间通勤的人来说具有更大的吸引力。第二，尽管在城市核心区（如楼顶和停车场）建设高密度的着陆场基础设施需要一些时间，但少量的垂直通道可能会吸收长途通勤者大量的需求，因为"最后一英里"的地面交通花费的时间相对较长通勤距离花费的时间而言很小。

燃油成本和其他运营费用（如维护和折旧）是航空通勤成本的重要组成部分。一架小型、高效的直升机在 25 mile 的短距离上可以耗油 40 美元以上。一辆全电动汽车可以以低 20 倍的成本行驶同样的距离，并显著降低其他运营费用。这些成本节省可以直接反馈给客户。

虽然电动垂直起降飞机按单位成本计算可能比传统的内燃机推进飞机或直升机更贵，但如果飞机运载量大且利用率高，客户的最终成本可能更低。这也是现有商业航空公司降低成本的方法。

运营商尽可能把飞机装满，大部分时间都在运送很多人。因此，可以将飞机的固定成本、飞行员和维修的可变成本分摊到更多的乘客旅行中，并逐步降低票价。

从长远来看，垂直起降飞机交通可能是大众负担得起的日常交通工具，甚至比拥有一辆汽车还便宜。通常情况下，人们认为飞行是一种昂贵且不常见的出行方式，这主要是由于当今飞机的产量较低。因为尽管小型飞机和直升机的尺寸、质量和复杂程度与汽车相似，但它们的制造成本却高出约 20 倍。

最终，如果垂直起降交通能够很好地按需满足城市交通的需求，即安静、快速、清洁、高效和安全，那么就有一条通往高产量制造的道路（每年至少制造数千架特定型号），这将使垂直起降交通的成本实现大幅降低。制造垂直起降飞机的经济性将变得更像汽车而不是飞机。

直接拥有这种飞行运载工具可能不是最好的方法，因为人们认为大家将共享飞行运载工具，就像优步（Uber）和来福车（Lyft）的地面共享车辆一样。当然，最初的垂直起降飞机可能非常昂贵，但可以通过共享乘坐模式将成本有效地分摊到付费出行上。因此，高昂的成本最终不会阻碍起步。而且，共享服务一旦开始，随着人数的不断增加，最终会降低所有用户的成本，从而降低价格。因为随着用户总数的增加，飞机的利用率也会提高。从逻辑上讲，这种情况具有可持续发展性，通过集中出行来实现更高的载客率，且较低的价格会回馈出更多的需求。这增加了飞机的需求量，进而降低了制造成本。

据优步公司估计，城市机动垂直起降飞机的初始价格是直升机的两倍，但由于产量大（5 000 台 / 年），其价格可能会降至直升机价格的一半以下。从长远来看，一个自主式垂直起降飞机在运载工具成本水平上将有 35 美分的每英里直接成本。

尽管电推进技术有可能降低飞机噪声并实现零运行排放，但为了使上述按需垂直起降（VTOL）城市机动性概念进入市场，以下领域的几个可行性障碍仍有待突破（括号内提到的是主要因素）：

（1）认证（垂直起降飞机的新适航流程）；

（2）电池技术（高能量比、快速充电率和较低的用电成本）；

（3）运载工具效率（商用高效运载工具）；

（4）运载工具性能和可靠性（高巡航速度和低起飞/着陆时间，全天候运行）；

（5）空中交通管制（ATC）（大都市地区的高频和空域密度）；

（6）成本和可接受性（降低运营成本和可接受的购置成本）；

（7）安全性（比汽车安全性更好）；

（8）寿命周期排放（减少用于电池充电的碳氢燃料发电）；

（9）城市中的垂直起降场/站（vertiport/vertistop）基础设施（理想位置和足够数量）；

（10）驾驶员培训（减少培训时间）；

（11）自主性（运载工具的管理）。

为客户提供逐步改善的服务，以及稳步降低的票价，将使更多的出行转向零排放运载工具。随着时间的推移，人们会发现点对点交通比开车要好得多、价格稳定得多。这是城市机动运输的可预见的发展方向。

建设必要的基础设施，vertiport 和 vertistop 肯定会促进建筑业发展，从而创造就业机会，并增加城镇的收入来源。接下来，让我们来看看几种不同尺寸的垂直起降飞机以及将其推向市场的战略伙伴关系。

来自 Joby Aviation 的 S2 具有 16 个螺旋桨，其中 12 个是倾斜式电动螺旋桨，使飞机具有垂直起降能力 [见图 7.7（a）]。一旦它在空中并达到最高速度，飞机的转子便会折叠成空气动力学流线型形状，然后飞机飞行速度可以达到 200 mile/h，使用机翼和尾翼后面的 4 个额外的巡航优化螺旋桨飞行 200 mile（见图 7.8）。

电动螺旋桨桨距是固定的，与直升机使用的推进系统相比，它们的运动部件更少。垂直起降巡航效率大约是直升机的 3 倍，因为设计偏向于通过固定翼飞行而不是使用旋翼飞行，这样可以实现较高的巡航效率，S2 的成本也将大大降低。建造一架直升机的初始成本约为 20 万美元，而电动机意味着随着时间的推移，运行成本将大大低于直升机。

图 7.7（b）所示的空客 A3 Vahana 具有以下技术特征：

（1）8台电机：每台15 kW，自动驾驶，变浆距控制。

（2）电池：锂离子聚合物，可在15～60 min内充满电。

（3）起飞重量：1 650 lb。

（4）速度：109 mile/h。

（5）航程：62 mile。

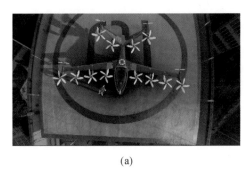 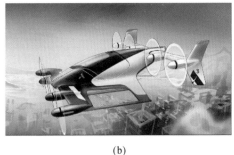

(a)　　　　　　　　　　　　　　　　(b)

图7.7　垂直起降飞机

（a）双座S2（Jody Aviation）；（b）单座Vahana（空客A3）

(a)　　　　　　　　　　　　　　　　(b)

图7.8　S2飞机旋翼布局——垂直起降/着陆和巡航阶段

（a）垂直起降倾转旋翼布局；（b）巡航倾转旋翼布局

英特尔公司拥有一家名为Volocopter的空中出租车初创公司的股份，该公司开发了介于无人机和直升机之间的2座Volocepter 2X轻型运动多旋翼机。该飞机配备了18个分布式电推进螺旋桨用于垂直起降，并通过操纵杆简单控制（见图7.9）。演示活动定于2020年举行。这架450 kg的飞机需要50 kW的功率，螺旋桨跨度为9 m。它可以达到62 mile/h的速度。1 h范围内的性能预计可能采用混合电推进解决方案。

作为超轻型飞机的认证，预计价格约为 25 万欧元（包括电池成本）。

图 7.9　2 座电池驱动分布式电动飞机 Volocopter 2X（Volocopter 公司）及其简单的操作方式

　　Volocopter 2X 具有非常稳定和安全的飞行特性，专为在大城市中作为一辆自主空中出租车而设计。它包括具有多冗余和安全功能的飞行控制解决方案。数十个微处理器监控飞行环境中遇到的湍流、气流扰动等，并在毫秒级时间内将控制信号发送到推进器转子，从而实现平稳的飞行。对于电池驱动的电动机，它们可以立即做出反应并执行最细微的调整。只需要飞行员的"开 / 关"和方向指示命令，其余的都是自动实现的。所有复杂的飞行控制操作都由机载电子设备进行处理，从而减轻飞行员的工作量。除此之外，这使得传统的直升机驾驶员不必通过移动循环操纵杆和总桨距控制来设置飞行器的最低速度、高度或攻角。因此，驾驶运载工具变得更加方便和无障碍化。

　　空中客车公司专门针对城市自主交通问题推出了城市空中客车（见图 7.10）。这是一架 4 座多旋翼垂直起降飞机，可以实现按需自动驾驶。

图 7.10　电池分布式电推进垂直起降 4 座飞机 CityAirbus（空中客车）

CityAirbus 的动力来自一个由 8 个独立的马达组成的电动推进系统，驱动 8 个螺旋桨产生所需的推力。传动系统的能量来自 4 个 140 kW 的电池组。它的最大速度约为 75 mile/h，电池储存的电量足以维持大约 15 min 的运行，即使仅用于城市短途出行也不够，因此空客公司需要找到一种更好的方法，从而在极短的时间内为电池充电，补充能量。

本节讨论的未来城市航空运输概念模糊了无人驾驶飞机和有人驾驶飞机之间的界限，并要求有一个尚未确定的管制空域。城市空中交通管理需要升级，才能部署大量像 CityAirbus 这样的飞行器。第一批"CityAirbus"的实例有望最早在 2023 年出现在天空中。它们最初将由专业飞行员控制，这一解决方案将有助于认证过程，并帮助公众对乘坐电动飞机旅行产生热情。接下来，CityAirbus 计划将实现完全自主飞行。

7.3 燃料电池电推进通勤飞机

燃料电池也可以代替电池作为飞机的一次能源，并为飞机设计带来优化。为了便于说明这一点，我们可以考虑对于质量和成本敏感的通勤飞机[15]。图 7.11 显示了将于 2035 年推出的 20 座、航程能力为 800 n mile 的计划基线飞机。这是一种先进的双发涡轮螺旋桨飞机，发动机的单位推力额定值为 3 350 lb。巡航马赫数低于 0.6，消除了飞行动压阻力，使自然层流得以形成。机身设计形状通过层流和高展弦比机翼使得飞行阻力降低。

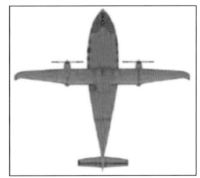

图 7.11　将于 2035 年推出的涡轮螺旋桨通勤参考飞机[15]

燃料电池技术仍面临许多挑战，可能还需要几年的时间才能成熟。理论上，对于 4 200 lb 的推力额定值，电推进飞机的巡航推力对应的特定燃油消耗（SFC）可能比涡轮螺旋桨发动机低 70%。

然而，由于推进系统质量和体积的显著增加，预计实际飞行任务燃料消耗的改善将远远低于此结果。由于其体积较大，燃料电池动力装置需要安装在机身上，同时，在机翼上安装电动机驱动螺旋桨。液态氢燃料装在球形的绝热高压罐中，也需要将其放在机身中。参考文献 [15] 中的研究对 2003 年的燃料电池技术以及低温冷却电机的功率比和传输效率进行了积极的估算。

就任务而言，与 Y2035 涡轮螺旋桨飞机相比，采用燃料电池推进的飞机的燃料消耗和任务能源消耗分别减少了 55% 和 19%。此外，除水蒸气外，零排放是燃料电池推进的另一个优势。另外，基于液氢的燃料电池推进会使飞机空重增加 80% 以上，导致推力要求必须按比例增加约 20%。这种影响会导致成本增加和外界噪声的性能恶化，只有降低推进器功率需求，或进一步改进技术，才能缓解这种情况。燃料电池动力系统也值得进一步研究，以实现更广泛的应用。

7.4 基于电池的电推进支线飞机

目前研究的飞机是采用双涡轮螺旋桨发动机的 Dornier Do328 飞机，能够在 650 mile 的航程内运送 32 名乘客（见图 7.12）。参考文献 [16] 中的分析表明，在基线涡轮螺旋桨飞机上，如果用电推进系统代替发动机，用相同质量的电池替换航空燃料，航程将缩减为 1/6。若飞机重新按以下要求设计，则在采用电推进技术时，与基线类似的航程性能可能降低 40%。

（1）采用高能量密度

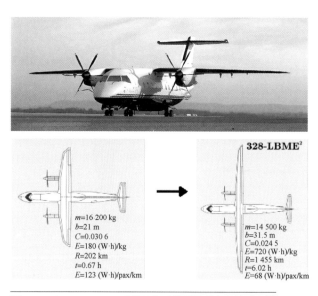

图 7.12 Dornier Do328 支线飞机（常规推进与电推进）[16]

［720（W·h）/kg］电池的电推进装置；

（2）推进装置安装，用于零升力减阻的机翼／尾翼层流；

（3）增加翼展，减小诱导阻力；

（4）针对飞机空重减轻的结构轻量化设计。

7.5　基于电池的电推进短程飞机

继对 ES Aero 的 ECO-150R 研究之后，美国初创企业莱特电气公司（Wright Electric）透露，计划在 2027 年前制造一架 150 座的短途飞行飞机。飞机可以是全电动的（飞行航程为 335 mile），也可以采用混合电动方案，主要取决于电储能技术的发展情况。欧洲领先的航空公司易捷航空（easyJet）对这一概念很感兴趣，因为将逐步降低航空运营中的碳排放和噪声是其战略的一部分。为此，该航空公司宣布与莱特电气合作。图 7.13 显示了用于短途飞行（伦敦至巴黎、首尔至济州或纽约至波士顿）的电动飞机。

图 7.13　基于电池的分布式电推进飞机（管状和分裂翼结构短程飞机）[17-18]

最近，德国联邦航空航天研究所（Bauhaus-Luftfahrt）进行了一项旨在实现飞行地平线 2050 目标的初步设计研究项目 [1]。项目研究中的 180～200 座电动飞机的初始航程能力为 600 mile，预计将于 2030 年投入使用。根据目前电池技术的发展现状，更长航程（1 400 mile）的电动飞机可能在 2040 年之前无法投入使用。该型飞机的设计目标是零排放飞行，并结合了多种新型技术，如 C 形机翼和电推进技术（见图 7.14）[19]。

双发推进配置完全依赖于能量密度高达 2 000（W·h）/kg 的先进电池技术。动力装置集成了以下功能：

（1）高压（3 000 V 交流电压）、高温超导（HTS）电机；

（2）集成式低温冷却器；

（3）可逆旋转逆推力；

（4）静音的先进涵道风扇；

（5）可转换喷管。

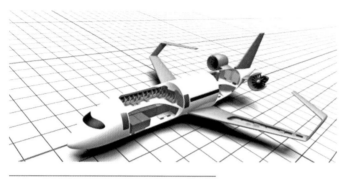

图 7.14 C 形机翼短程飞机（电池电推进）[19]

全电气化飞机电气系统通过基于固态功率控制器（SSPC）的固态配电系统以高压直流（540 V）供电。这架飞机需要把电池封装在密闭箱体并安装在货舱里。由于机载充电并不能很好地节约时间，所以电池将在飞机飞行周转期间进行直接更换。

7.6　电动滑行短程飞机

早在 20 世纪 70 年代，几家公司就开始开发用于机场飞机反推滑行的外部电拖动系统，而空中客车公司则提供了一项关于"76 t 亚声速飞机实现电动滑行"的研究结论[20]。

最近，几家飞机地面支持设备（GSE）制造商提供了驾驶员控制的半自动电动牵引车，包括一个可连接在起落架上的外部电力驱动装置，用于机场地面滑行。然而，不利的方面是，该系统需要对机场滑行跑道进行改造以适应滑行设备，在不干扰飞机使用滑行跑道的情况下返回登机口。

由于飞机起落架系统中安装了轮毂电机，所以多电和全电的短程飞机可以在无须任何外部协助下实现电动滑行。为了了解改进的效果和对不同的电动滑行解决方案进行评估，需要对当前的飞机滑入和推出操作过程有一个大致的了解。

滑入是指飞机着陆后从跑道向登机口移动，推出指的是飞机起飞前从登机口滑出至跑道。通常的滑行过程是将所有喷气发动机运行在怠速模式，以获得足够的推力来移动飞机。自 2000 年以来，一些航空公司改用所谓的单发滑行方式，即大部分滑行期间只有一个发动机在运行。由于推进不对称，飞机无法在发动机运转方向上进行急转弯。为了避免这一问题，根据飞机的配置可以采用 4 台发动机之中的两台产生所需的对称推力。这些新方法主要是为了节约燃料、减少噪声和有害气体排放。然而，每台发动机都有一个强制冷却和预热阶段，根据发动机类型的不同，此周期的运行长度在 2 ～ 5 min 之间。

若飞机停在登机口，则滑行过程是反向滑入和后推出的过程。操作是通过地面拖车的拖杆或直接由拖车进行的，拖车将前起落架铲起并将其抬离地面。在这个过程中有一名滑出助手，负责协调飞机驾驶舱和拖车之间的通信。在许多机场，飞机推回过程必须在一个专用的垫板上结束，以确保发动机安全地运转，而不会有发动机爆炸损坏的危险。

电动滑行方法比单发滑行更进一步：除了提到的发动机预热 / 冷却阶段，电动滑行系统将在飞机发动机不运转的情况下移动飞机。

7.6.1　工作原理

由于电动机不受提供单向推力的限制，配备电动滑行系统的飞机可以在无须拖车或其他设备的帮助下自行执行飞机的推回。然而，涉及机场的研究和调查显示，滑出助手似乎是必要的，否则会增加飞机与其他飞机、车辆或人员相撞的可能性。与目前的推回过程不同，飞机可以使用最短路径。由于不需要起动发动机来进行移动，因此飞机在推回后也不需要专用垫板。为了优化过程，必须准确估计从登机口到跑道的时间，以便在准备好离开跑道等待点之前完成发动机预热。滑入的过程与之类似，在冷却时间过后发动机将关闭，由电动机驱动飞机机轮运行，将飞机移至登机口。

7.6.2　系统配置和性能

电动滑行一词主要是指通过电力驱动当前起落架的一个或几个飞机机轮实现滑行。在进行电动飞机配置时，可能会直接使用推进电机来执行相同的任务。尽管如此，本章重点介绍基于起落架轮电机的相关系统架构的开发。这些系统主要包括人机界面①、电驱动②、电力电子和电缆③以及电源④。图 7.15 描述了飞机电动滑行系统子部件的安装位置。

图 7.15　飞机电动滑行系统子部件位置

一般来说，电驱动集成有两种可能性：前起落架和主起落架驱动系统。这两种系统都有优点，但也都有挑战。下面的部分将深入讨论细节，并提出一些更具颠覆性的想法。

7.6.3　前起落架驱动

自 2008 年年底以来，汉莎公司首次展示了将电动机集成到前起落架的方法（见图 7.16）。最常见的测试平台是短程飞机，如空客 320、波音 737 或巴西航空工业公司 190 型飞机。

图 7.16　汉莎技术公司在德宇航 A320 测试飞机上集成了燃料电池驱动的前轮电动滑行系统 [21]

前起落架驱动的一个挑战是，它只承载飞机总质量的一小部分，约为最大起飞重量（MTOW）的 8%，这会导致牵引力滞后。因此，即使有非常强大的发动机，在可接受的时间范围内加速到一定的程度也是一个很大的挑战。估算和试验表明，最大速度为 7 ~ 10 km/h 的电动滑行速度是有希望实现的。但是，几乎所有机场都要求飞机在任何天气条件下都可以以 20 km/h 甚至更高的速度滑行，可适应最大坡度为 3%。这是由于从登机口到跑道的滑行跑道数量有限，而飞机必须在跑道上排队，因此需要能够以要求的速度运行以免造成延误。配置喷气发动机的传统飞机通常以 40 km/h 的速度滑行。提高前起落架驱动飞机速度的一种方法是实施牵引力控制。一些示范系统首次展示了集成这种功能的方案。

另一个集成因素是电机本身的质量。研究表明，必须对起落架进行重大改装以

　　　　　　　　　　　　　　　　　　　　　　　　　　　电动飞机技术基础

加强其结构。这会影响起落架收放系统,该系统也必须增大强度以确保其功能。因此,改装的可能性非常小。

前起落架驱动的最大优势是其车轮不需要安装刹车。因此,集成空间更大,且不干扰车轮制动盘的散热。

关于供电电源,主要有两种选择:基于燃气轮机的 APU 发电机和 / 或燃料电池与电池混合电源。关于集成和改造方案,APU 解决方案似乎是最有前途的。然而,许多飞机配置以现有的硬件无法提供足够的电力,额外的电池或者燃料电池可以解决这个问题,但要付出额外的质量代价。

仅仅使用燃料电池作为电力滑行的动力源,并不能充分发挥其潜力。因此,用燃料电池替代 APU 可能需要对飞机进行重大升级,甚至需要一个全新的飞机设计。由于燃料电池产生的副产品,如水、废热和废气等,所谓的多功能燃料电池允许以下二次使用情况:

(1)机上卫生间和厨房可利用废水;

(2)通过热耗散产生热量实现机上除冰应用;

(3)通过缺氧废气实现油箱惰化。

从多个角度来看,尽管燃料电池技术具有潜力,但它要在飞机上应用,还需要若干年的发展。

此外,由于大功率电动机的电能消耗,飞机前轮和位于尾部的 APU 之间的电缆重量也对该方案的实现存在影响。

7.6.4 主起落架驱动

电驱动集成的另一个策略是主起落架驱动系统。空客 A320(见图 7.17)、波音 737 和巴西航空工业公司 190 短程飞机也对此进行了研究和论证。

图 7.17 主起落架电动滑行系统演示飞机 A320(汉莎技术公司)

空客 A320 的改装潜力很大。事实上，它的主起落架最初是为钢制刹车盘进行设计和认证的。几年以来，空客公司交付的 A320 飞机都默认采用了节能碳刹车盘。这一改进节省了足够的重量用来安装电力驱动装置。对于波音 737，虽然碳刹车盘是可行的，但限于成本，许多航空公司仍然订购成本较低的钢制刹车盘。巴西航空工业公司（Embraer）、庞巴迪公司（Bombardier）和中国商飞（COMAC）的最新飞机从一开始就设计了较轻的刹车装置，这使得在集成电动滑行的驱动系统时需要对起落架结构进行更大的修改。

由于主起落架上的负荷较高（占飞机质量的 92%），故牵引力的制约可以得到有效的解决。电动滑行的加速度和最大速度主要取决于机载 APU 提供的可用电力。根据飞机类型和配置的不同，经过估算和首次演示证明，即使不改装 APU，所需的 20 km/h 的滑行速度也是可以实现的。

当然，这种集成也存在一些技术挑战。首先，电动机离制动器非常近，在它们之间可能会产生相互冲击，同时电机发热可能会增加制动器冷却时间，而制动器散热可能会导致电机过热。因此，需要某种主动冷却装置（见图 7.18）。图 7.18 展示了第一个使用主动风扇冷却的电机原型。

其次，系统必须包含某种离合器，以便在系统发生故障时将电机与起落架分离（见图 7.18）。需要考虑的主要故障情况是驱动器受阻或者机轮受阻，可能导致爆炸、跑道偏移或其他灾难性事件。因此，排除机轮阻塞的可能性是整个系统设计的主要要求。使用离合器的另一个原因是相对于较低滑行速度而言的，很高的着陆 / 起飞速度会使电机无法承受，并产生高电压进而损坏驱动电机。

图 7.18 绿色电动滑行系统（EGTS）原型（2013 年巴黎航展）

电源、电力电子变换器和电缆布线与前起落架的集成非常相似。由于主起落架驱动的基本目标是加速滑行，因此理论估算的功耗更高。这就是为什么大多数研究都赞成使用 APU。

根据出版文献资料，使用这种系统可以在滑行期间减少 50%～75% 的氮氧化物排放。此外，平均推回时间也减少了 60%。

总的来说，最有希望的整合将在空客 A320 上，因为该型飞机数量多，具有飞行包线和改装潜力。

在本章中，我们研究了电动滑行系统潜在的节能效果。一般来说，影响商业应用案例的有三大因素：

（1）节省燃油；

（2）推出时间和成本；

（3）额外质量。

据推测，飞机只需在登机口的一个"推出助手"的帮助下就能向后推/向后驾驶滑行，然后借助电动滑行驱动飞机驶上跑道。考虑到预热时间，发动机将在滑行过程中起动，以便在到达跑道时直接准备起飞。着陆后，发动机空转一段时间，冷却后关闭。飞机只能借助电动机向前移动到登机口。此外，由于电动滑行的最大速度较低，与单发滑行相比，滑行时间更长。

另外，电动滑行组件（电机、电缆和电力电子设备）增加了飞机的额外质量，对整个飞行过程中的燃油消耗产生了负面影响。因此，电动滑行省下的燃料必须弥补这一点。

总之，在滑行阶段，飞机发动机仅在预热和冷却过程中运行，APU 为电动滑行系统提供动力，燃油消耗可减少 3%[1]，这主要是因为 APU 比涡扇发动机效率更高。因此，即使只有一台发动机用于滑行，油耗仍高于采用 APU 作为动力的电动滑行技术。

对于电动滑行应用来说，完美的任务配置将是一个非常短的飞行过程，同时拥有很长的滑出时间和滑入时间。因此，目标市场是一个大型、相当成熟和拥挤的枢纽机场密集服务的地区，例如美国的一些沿海地区、欧洲的大部分地区，以及亚洲的一些中心热点地区。

然而，完整的商业案例有更多的评价指标。图 7.19 列出了一些最显著的预期运行影响及其经济影响。环境收益与油耗成正比。如图 7.20 所示，飞行时间与滑行时间呈线性关系，在这种线性关系下，电动滑行比传统滑行更环保。此外，发动机需要有强制的预热和冷却阶段，这将使图形向右移动。

运行影响	经济影响
发动机更短的运行时间	燃油消耗下降
	维护成本下降、维护频率下降
APU 更长的运行时间	燃油消耗增加
	维护成本上升、维护频率上升
更少的刹车制动	制动损耗下降、维护频率下降
无拖车推回	推回成本下降
复位时需要额外的机坪操作人员	管理成本上升
更长的滑行时间	机组成本上升
电动滑行系统维护	维护成本上升

图 7.19　电动滑行对飞机运行的影响

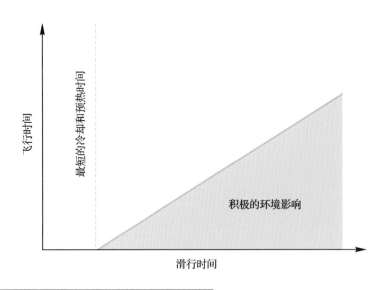

图 7.20　环境 / 燃料的影响：依赖于飞行和滑行的持续时间

一些研究宣传了更多额外的好处，特别是关于新的登机场景。如果飞机完全电动行驶到停机位置并与航站楼平行停靠，那么通过两个乘客登机廊桥登机可以节省

电动飞机技术基础

一些费用，就像停在候机室里的普通巴士一样。然而，据机场管理人员说，这一程序是不可取的，因为它封锁了航站楼前的两个停机位，这可能是急需的，特别是在繁忙的机场。因此，这种解决方案只有在航班量低、航站楼有足够的飞机停机位的机场才有可能，但在伦敦、法兰克福或巴黎等大型枢纽机场则不可取。有些机场，即便是短程航班，登机口也有不止一座廊桥。因此，这些节省更多地与机场基础设施有关，而不是与滑行系统有关。

7.6.5 商业模式

不同的航空公司已经尝试用不同的商业模式进入市场。除了传统的买方提供设备（BFE）方法外，还引入了租赁模型。目前，大多数航空公司都租用飞机和发动机。总的来说，企业的间接资本支出能力不大。在租赁模式中，系统供应商将确保电动滑行系统的线路安装和／或改造，并承担所有维护费用。供应商将从航空公司获得一定比例的可归因于电动滑行带来的节余收益。由于多种因素的存在，采用电动滑行而节省下来的费用需要有明确的归属。

7.7 结　　论

飞机尺寸越来越大，推力要求也越来越高，电推进在动力电池、燃料电池、发动机和控制装置方面面临着巨大的挑战，这些都是随着电动飞机出现的关键部件和技术。

上述案例研究揭示了如何释放电推进的潜力，这是一种极具变革性的设计范式转变，都不可避免地与高能量密度电源（无论是动力电池还是燃料电池）以及高功率电机和控制领域的巨大技术飞跃联系在一起。不幸的是，鉴于必须克服的严峻工程技术挑战，这可能需要较长时间来实现。

然而，混合动力推进，一个先进的燃气涡轮发动机和电力推进之间的过渡阶段，可能能够达到低于 1 000（W·h）/kg 的能量密度，这在未来 20 年内可以实现。这一令人信服的解决方案通过优化设计的燃气轮机和使用锂电池或燃料电池的电力系统实现了无缝的平衡。在某些情况下，可以完全放弃电储能部件，而使用燃气轮机来产生混合动力（涡轮电）推进系统的电气部件所需的能量。

参 考 文 献

[1] Stumpf, E., Nolte, P., Apffelstaedt, A., Zill, T. et al., IATA Technology Roadmap, 4th ed., German Aerospace Center DLR, Georgia Institute of Technology, and IATA, June 2013.

[2] http://www.pipistrel-ca.com/alpha_electro.html, accessed March 3, 2018.

[3] http://www.algavia.top/cirrus-sr-22/, accessed May 1, 2018.

[4] Moore, M.D., "The Forthcoming Distributed Electric Propulsion Flight Era," NASA Langley Research Center, SAE 2016 Aerospace Systems and Technology Conference (ASTC), Power Systems Track Panel—Electric Flight, Hartford, CT, USA, September 27-29, 2016.

[5] https://www.nasa.gov/sites/default/files/thumbnails/image/dsc00225_heist_wing1.jpeg,accessed March 3, 2018.

[6] https://www.nasa.gov/sites/default/files/thumbnails/image/sceptor_city_nasa_half_res.jpg, accessed March 3, 2018.

[7] Moore, M.,"Distributed Electric Propulsion (DEP) Aircraft, NASA," https://aero.larc.nasa.gov/files/2012/11/Distributed-Electric-Propulsion-Aircraft.pdf, accessed May 4,2018.

[8] Holden, J. and Goel, N.,"Fast-Forwarding to a Future of On-Demand Urban Transportation," white paper prepared by the Uber Elevate team, UBER, October 2016.

[9] https://newatlas.com/joby-s2-tilt-rotor-vtol-multirotor-aircraft-concept/40662/#gallery,accessed March 8, 2018.

[10] https://vahana.aero/welcome-to-vahana-edfa689f2b75, accessed May 3, 2018.

[11] https://newatlas.com/joby-s2-tilt-rotor-vtol-multirotor-aircraft-concept/40662/,accessed March 8, 2018.

[12] https://www.connaissancedesenergies.org/volocopter-lhelicoptere-electrique-du-futurpilotable-par-tous-160413, accessed March 3, 2018.

[13] https://www.volocopter.com/en/product/, accessed March 3, 2018.

[14] https://www.digitaltrends.com/cars/airbus-cityairbus-quadcopter-news-photos-rangespecs-price/, accessed March 3, 2018.

[15] D'Angelo, M.M., Gallman, J., Johnson, V., Garcia, E. et al.,"N+3 Small Commercial Efficient and Quiet Transportation for Year 2030-2035," prepared by GE Aviation, Cessna Aircraft and Georgia Institute of Technology for NASA Langley Research Center, Contract NNC08CA85C, NASA/CR–2010-216691, May 2010.

[16] Hepperle, M.,"Electric Flight—Potential and Limitations," prepared by German Aerospace Center (DLR) for NATO STO Workshop "Energy Efficient Technologies and Concepts of Operation", 2012, DOI: 10.14339/STO-MP-AVT-209.

[17] https://www.thetimes.co.uk/article/easyjet-promises-electric-planes-ready-for-take-offby-2027-mpff5x5zc, accessed May 4, 2018.

[18] https://mediacentre.easyjet.com/en/stories/11618-easyjet-and-electric-aircraft-pioneerwright-electric-outline-electric-future-of-aviation#, accessed May 3, 2018.

[19] Hornung, M.,"Aviation 2050: Potentials and Challenges," Bauhaus Luftfahrt, Electric &Hybrid Aerospace Technology Symposium 2015, Bremen, Germany, November 17-18, 2015.

[20] Nicolas, Y.,"e-Taxi—Taxiing Aircraft with Engines Stopped," Airbus, Flight Airworthiness Support Technology (FAST) Issue 51, Airbus Technical Magazine, January 2013.

[21] http://www.dlr.de/dlr/en/desktopdefault.aspx/tabid-10204/296_read-931/#/gallery/2079, accessed May 6, 2018.

第 8 章

飞机应用　第二部分

——混合电推进飞机

CHAPTER EIGHT

·电动飞机技术基础·

本章以混合电推进（HEP）为主题，进行以下案例研究：

（1）并联混合电推进通勤飞机（燃料电池）。

（2）串联混合电推进通勤飞机（电池）。

（3）并联混合电推进短程飞机（电池）。

（4）串联混合电推进短程飞机（电池）。

（5）分布式混合电推进（DHEP）通勤和支线飞机（电池）。

（6）分布式混合电推进短程飞机（不带电池、燃料电池、带电池）。

（7）分布式混合电推进远程飞机（超导磁储能系统）。

8.1　燃料电池并联混合电推进通勤飞机

对于混合电推进技术，尽管燃料电池在其广泛应用于航空之前必须克服一些技术和经济问题，我们依然有必要去考虑燃料电池如何作为电池的替代方案而开辟出电推进系统设计中的新方向。

例如，在前一章第 7.3 节中，分析了燃料电池混合电推进系统在未来参考涡轮螺旋桨通勤飞机上的应用潜力（见图 7.11）。

如果在涡轮螺旋桨发动机中实施并联混合动力概念，一种解决方案是通过齿轮箱将电机连接到与燃气轮机相同的螺旋桨上。燃料电池将提供电能来驱动电机，用来产生燃气轮机以外的推力，这需要兆瓦级的电机。

燃料电池可以从作为基本能源的液氢中获取能量。此外，虽然液态氢－固体氧化物燃料电池（SOFC）燃气轮机混合电力发动机可以节省燃料，但质量和系统体积都会受到影响。从好的方面来说，与先进的涡轮螺旋桨发动机相比，该系统有可能将任务能源消耗减少约 30%，任务燃料质量减少 60%。氢燃料电池也将使得燃料系统实现部分零排放。

另外，与先进的涡轮螺旋桨发动机相比，混合电推进系统质量将增加 4 倍。这种质量的增加导致飞机必须在运载液氢燃料所需体积的基础上增加额外的体积。飞机尺寸和空重增加（90%）可能导致飞机购置成本增加。此外，与先进的涡轮螺旋桨发动机相比，混合电推进系统推力要求必须提高20%。

即使在这个对重量和成本极为敏感的通勤飞机领域，燃料电池混合电推进系统也显示出了降低能源消耗的一些潜力，并具有部分消除排放的额外优势。但是，在假定的技术水平上，它似乎不如先进的涡轮螺旋桨发动机有吸引力。降低推进器功率要求或进一步改进技术水平可能会在未来颠覆这一状况。

然而，在上述飞机级别上的动力系统改进可能使其不堪重负。因此，与先进的涡轮螺旋桨推进器相比，液态氢－固体氧化物燃料电池混合电推进系统需要很长的时间才可能具有竞争性的性能优势。燃料电池系统值得进一步研究，以应用于更大型的飞机。

8.2 电池串联混合电推进通勤飞机

对于长途通勤飞机，航空公司和飞机制造商也表现出了与初创企业合作的兴趣。在波音和捷蓝航空（JetBlue）的支持下，初创公司 Zunum Aero 正在制造最新的12座电动喷气式飞机（见图8.1），最终使其能够在 1 000 mile 范围内搭载几十名乘客。

初始的12座飞机计划于2022年投入使用，其排放量将减少80%，噪声将降低75%，在未来的设计中将可以进行环境友好的短距离起降（STOL）。

尽管大多数公司都寄希望于电池或燃料电池技术的巨大进步，但 Zunum 选择了混合动力的路线。如今的电池对于目标尺寸和航程的全电动飞机来说仍然太大、太重。例如，第 7.1 节中介绍的 Alpha 电动飞机的航程约为 80 mile。

Zunum 的飞机设计有一个"串联混合动力"动力系统，如图6.20所示，该推进系统是电动的，只有一个电动机为传动系提供动力，但是发动机通过驱动发电机为电动机发电来扩大电池的续航范围。相比之

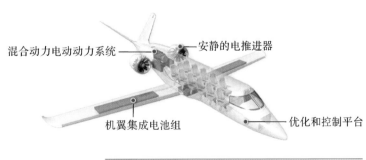

图 8.1 电池串联混合动力推进通勤飞机（Zunum Aero）

下，大多数混合动力汽车使用并联混合动力或串并联混合动力系统。在标准化的机翼中集成电池舱，预先在机身内接线，进而最终过渡到全电动。飞机将使用模块化的 1 MW 动力电池系统。模块化电池组将允许快速更换或充电及航班定制。它们位于进行结构优化的复合材料机翼吊舱中，以利用自由空气来流进行冷却。

该设计的重点是使飞机具有更高的能效，如轻巧的机身，包括使用复合材料等。工程师也在设计如何利用回收发动机的废热来加热机舱或除冰系统，并利用发动机风扇的风车效应在慢速飞行或下降时为电池充电（类似于汽车中的再生制动）。电推进系统的平稳运行归功于电力驱动的低压风扇（高效率）、精细的推力控制以及变桨距可以实现强劲的巡航性能。另外，由于再生制动效应，如扰流板噪声的机体噪声将被减弱。

Zunum 开发的飞机的主要性能特点如下：

（1）航程优化的混合动力传动系统：电池，较低维护率，方便升级到未来技术，无高度下降的高响应功率。

（2）安静的可变桨距电动推进器：起飞和爬升时间短（跑道缩短 40%），安静的再生制动，全天候开放的小机场。

（3）安静舒适的客舱。

（4）降低 75% 外界噪声。

（5）直观的控制和优化：优化飞行能量输送、集成控制和一键式运行模式，精细的推力控制。

（6）有人驾驶或无人驾驶（飞行员可选驾驶舱，电传飞控）。

（7）最佳区域速度。

（8）GPS 导航。

据 Zunum 公司所说，提供这种新型出行工具的关键之一是要有一个完全不同于当今集中的客机和枢纽的航空网络，如利用数千个闲置不用的二级社区通航机场。这样就可以避开交通堵塞和浪费在地面上的时间，到达目的地的速度也可以快 2～4 倍，而且成本只有一半。

这个立体交通网络最棒的地方是：当使用短距离起降飞机时，它不需要太多支持设备就可以起动和运行。虽然这些机场仍需要为电池组充电或更换相关设施，但是目前正在进行的地面电动车辆充 / 换电服务已经得到大规模推广。目前正在进行的空中交通控制系统的重大升级将支持分布式电推进空中交通网络：美国的 NextGen、欧洲的 Single European Skies 和澳大利亚的 One-Sky 都将在 2023 年前投入使用。这些飞机使用 GPS 卫星和机载 ADS−B 发射机，可以全天候飞往二级机场而不利用地面仪表着陆系统，从而减少空中交通管制工作量，实现高密度飞行。

到 2030 年，Zunum 计划发展的 50 座飞机将包括如下技术能力：每座 / 英里 8 美分的运营成本、700 mile 以上的最大航程、340 mile/h 的最大速度、2 200 ft 的起飞距离。该商业模式基于小型区域机场之间的短途通勤航班降低成本和点到点的出行时间。该公司预测，从波士顿飞往华盛顿特区的单程票价为 140 美元，点到点出行时间大约需要 2.5 h，约是现在的一半。

8.3　电池并联混合电推进短程飞机

推进系统性能和设计参数的最佳优化取决于它们的位置以及适当选择在飞机设计上的集成方法。

在短程航段，大跨度"桁架支撑管翼"（TBW）飞机设计在研究机构和飞机制造商中获得了广泛的关注。

这一概念利用了一个飞机结构支撑，以允许大跨度机翼，而不会大幅增加结构质量。通过增加跨距，可以增加升力并减小发动机尺寸。

考虑的双发配置允许在巡航马赫数为 0.7 的情况下，在约 3 500 n mile 的最大航程内运输约 150 名乘客，每台发动机的推力约为 20 000 lb。因此，与由两个低旁通比涡轮风扇发动机（CFM56）驱动的传统管翼状飞机相比，这种飞机设计结合两个先进的涡轮风扇发动机，可显著减少 54% 的机体燃油消耗。分析表明，与先进的涡轮风扇发动机相比，混合动力发动机的质量减小了近 20%。

考虑的 TBW 飞机如图 8.2[2] 所示。为这架飞机选择的并联混合电力推进系统包括两个混合动力涡轮风扇发动机，如图 6.17 所示，两个电池组以机翼下吊舱的形式呈现。

最终的设计最大限度地减少了燃料消耗，同时满足了在 900 n mile 和 3 500 n mile 飞行任务中运送 150 名乘客的推力要求。推进系统还需要满足全部飞机推力要求，同时严格按照先进的涡轮风扇模式运转，也就是说，没有来自任何电机的辅助推力。

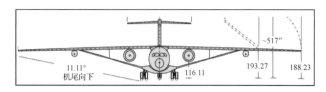

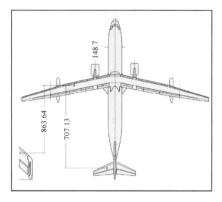

图 8.2　电池并联混合动力推进 TBW 短程飞机[2]

研究了两种不同的混合电推进配置模式：

（1）平衡模式：电动机和燃气轮机在整个飞行过程中以平衡的方式提供推力。电动机和电池的大小适合在 900 n mile 任务的大部分时间内相对均匀地运行。假设有 1 750 hp 的电动机和 750（W·h）/kg 的动力电池组，则会使得飞机起飞总重（TOGW）约 140 000 lb。

（2）发动机关闭模式：在巡航航段更多地使用电池进行全电推进，同时关闭燃油发动机。TOGW 高达 190 000 lb，使用了更大的 7 150 hp 的电动机。

在 900 n mile 的飞行任务中，与 CFM56 型涡轮风扇发动机驱动的管翼飞机相比，"平衡模式"混合动力 TBW 飞机达到了 60% 的燃油消耗减少目标，能源消耗减少了 54%，而"发动机关闭模式"型飞机能够减少 64% 的燃油消耗和 46% 的能源消耗。

尽管如此，先进的涡轮风扇 TBW 飞机及其混合动力飞机之间的比较表明，虽然能源动力系统的改进不一定代表能耗比的降低，但是可以将燃料在飞行中产生机械功率转变为在地面发电，这将在成本和有害气体减排方面有很大的灵活性和潜力。即使在经济性上没有优势，但许多环境友好的地面充电方案可使其使用更多的绿色能源，此外，也可以改变大气中飞机排放物的沉积位置（巡航高度或地面发电站）。

现在，让我们考虑混合动力电动配置的噪声性能。在不考虑机身噪声和硬壳体发动机（即没有安装降噪衬垫）的情况下，发动机总噪声分析表明，由于使用电力，对发动机噪声的影响很小。但是，可通过采用以下发动机风扇和喷气降噪技术来缓解这种情况：

（1）风机降噪：进气口设计、先进 / 主动衬垫和主动噪声控制。

　电动飞机技术基础

（2）喷气式降噪：V形、更高的BPR/GTF和可变面积风扇喷嘴。

就氮氧化物排放而言，情况看起来更为光明。在参考文献[2]中可以看出，在起飞和着陆阶段，由于推进和热效率的提高以及推力衰减特性的改善，混合动力电动发动机有助于将非混合动力发动机的NO_x排放量减少40%以上。此外，在国际民航组织航空环境保护委员会（CAEP）规定的CAEP/6水平下减少约90%，达到80%的减排目标。

巡航期间的发动机分析表明，与CFM56涡轮风扇发动机相比，可在1 380 hp和1 750 hp水平的飞机上实现接近80%的NO_x减排目标。另外，当7 150 hp的发动机核心机关闭时，飞机在900 n mile的飞行巡航中并不产生氮氧化物排放物。

因此，如果充电电源来自清洁能源，混合动力飞机将保持整个生命周期的排放优势（CO和NO_x）。

在本节介绍的TBW混合动力飞机中，作为外部部件使用的翼下电池吊舱可在周转期间快速更换，允许慢充电率和延长电池寿命，从而避免干扰传统的地面维修操作和增加飞机中转时间。

对于上述相同的150名乘客容量，其他类型并联混合动力涡轮风扇发动机（见图6.19）的设计配置如下列初步研究结果所示[3]：

（1）齿轮传动涡轮风扇发动机：优化巡航，仅在起飞和爬升阶段提供大约2.1 MW电机辅助。在900 n mile任务中，使用1 000（W·h）/kg电池，结果显示燃油消耗减少了6%，能源消耗减少了2.5%。

（2）三转子涡轮风扇：通过参数优化，混合爬升和巡航阶段带有大约1～2.6 MW前置电动机。结果表明，对于900 n mile的任务，燃油消耗减少了28%，在500 n mile的航程内总能量减少了10%，并且针对最小燃油使用量进行了优化，预计整个机队总燃油使用量将减少18%。

8.4　电池串联混合电推进短程飞机

图6.20所示的串联混合动力电推进系统原理如下：产生推力的涵道风扇/电机（或螺旋桨/电机）从两个远端能源获取能量，该能源包括储能系统和燃气轮机/交流发电机（GTA）。后者是由一台燃气轮机驱动一台发电机，发电机的额定功率

可以产生驱动风扇（或螺旋桨）的电机所需的功率。

空中客车公司打算在 2020 年测试这种额定功率约为 2 MW 的串联式混合电推进系统。名为 E-Fan X 的项目是空中客车公司、西门子公司和罗 – 罗公司之间的合作项目，它们共同的目标是验证一个新的混合动力推进系统，其安装在一个由 4 个涡轮风扇发动机驱动的上单翼飞机——BAE146 上。经过广泛的地面测试，动力系统将从 2020 年开始进行飞行测试，其中一个标准涡轮风扇发动机将被一个 2 MW 的电动机取代。试验测试的飞机配置如图 8.3 所示。飞行演示验证系统的开发将在一个改进的机身上结合一些世界上最先进的电力和推进技术，这将是迄今最大的混合电动飞行研发平台。一旦该系统的成熟度得到证实，就可以用另一台电动机取代第二台燃气轮机发动机。

这项由空客电动飞机系统部门与西门子合作的工作可以为未来安全、高效、经济的混合式短程商用飞机铺平道路。

E-Fan X 演示飞机将研究和探索开发大功率混合电力推进系统的所有工程技术挑战，包括热效应管理、电力推力管理、电力系统的高度和动态效应，以及电磁兼容性等其他问题，目标是验证推进和成熟混合动力技术的性能、安全性和可靠性。该计划的其他主要方面是为未来电动飞机的认证制定新的要求，并满足新一代设计师和工程师的培训需求，使这种商用飞机更接近现实。

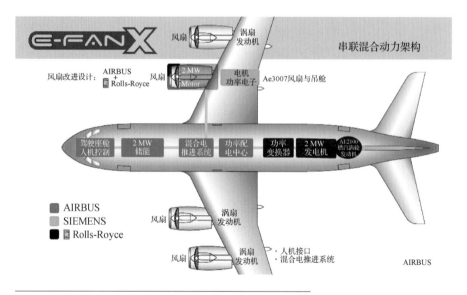

图 8.3 电池串联混合动力推进高翼短程测试飞机（E-Fan X）[4-5]

电动飞机技术基础

续图 8.3　电池串联混合动力推进高翼短程测试飞机（E-Fan X）[4-5]

　　如上所述，混合电推进系统是可扩展的，并且可以适用于不同的飞机尺寸和航段。同样，也可以根据目标飞行器的不同，适当选择电能源形式。目标飞行器的设计已经接近于我们熟悉的管翼状结构。此外，从通勤飞机市场部分开始，上述混合电推进系统尽管实现了部分电气化以提供推力，但仍然受到我们习惯于看到的飞机机翼下连接吊舱的限制（见图 8.4）。

图 8.4　传统发动机舱（罗－罗瑞达 XWB 涡扇发动机远程空客 A350 XWB 飞机）

在下一节中，我们将看到动力装置电气化如何能够将其细分为更小的推进单元，以便通过飞机和推进系统综合设计方法进行优化。这带来了推进结构和飞机空气动力学设计范式的转变，使其能够在更大范围内利用电力和混合电推进带来的好处。

8.5　电池分布式混合电推进通勤飞机

在先前研究的并联混合电力推进案例中，除了通航飞机外，都在飞机的两侧机翼安装一套电机 / 燃气轮机组合，产生飞机总推力的一半。每个电机 / 燃气轮机组都集成在一个传统的动力装置吊舱内，而电池或燃料电池则位于机体其他位置。

此外，在给定的动力装置内，电动机和燃气轮机驱动相同的轴（涡轮风扇低压滑阀、涡轮螺旋桨传动轴等）。与这些整体式并联混合动力装置不同，还可以采用并联运行的分体式解决方案，即飞机上动力装置的电气部分与其燃气轮机部分物理分离，每个部分都驱动自己的螺旋桨。尽管动力装置的两个部分是分开的，但由于控制装置的组合操作，仍然可以产生并联推力。

让我们看看"并联"混合电力推进如何在小型飞机上应用。Fefermann 等人在参考文献 [7] 中说明了这种"分布式并行"三螺旋桨混合电力推进配置，包括两个缩小的翼下吊舱燃气轮机（涡桨发动机）和一个电动机，驱动其自身的螺旋桨，其安装在飞机的后机身部分，由电池供电。图 8.5 所示为可搭载 19 名乘客的 700 n mile 通勤飞机。

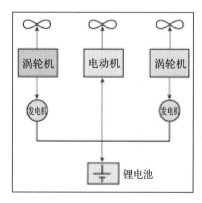

图 8.5　通勤飞机上的电池分布式混合电推进系统

在正常情况下，飞机电动推进器在滑行、起飞 / 爬升、巡航和滑行时工作，并向主机涡轮螺旋桨提供辅助电力。在下降过程中，只有涡轮螺旋桨处于运行状态，电动推进器不再具有产生推力的功能，在反向操作中，回收能量用于给电池充电。事实上，在下降过程中，推进器是由气流转动的（风车效应），就像风力涡轮机一样，它能够产生可以储存的电能。

如果使用可更换电池组，在飞机巡航和下降过程中可能不需要给电池充电。在不正常情况下，如起飞受阻、复飞、单发不工作的部分巡航状态，作为安全措施，电动推进器将系统地接通工作。

从这 3 个螺旋桨（或推进器）的布局配置中可以看出，两个由传统涡轮螺旋桨形式的燃气轮机驱动，虽然尺寸较小，第 3 个由电池驱动的电动机独立驱动，也可以使用其他类型的储能或能源来代替电池。

8.6　电池分布式混合电推进支线飞机

假设第 6 章中讨论的小型通用航空飞机的高密度电机技术可以扩大功率，当涉及更大的飞机市场，如 50 ~ 100 座支线飞机市场时，电池能量密度是提高性能和全航程合规性的明显障碍。然而，参考文献 [8] 中的研究表明，在 50 座涡轮螺旋桨飞机（600 n mile）上，通过一定的方案可以降低性能对电池能量密度变化的敏感性。

首先，飞机的两个涡轮螺旋桨发动机被 4 个单独由电池供电的电动推进器取代。然后，以协同的方式进行电力推进系统集成，以实现显著的空气动力学改进。这些好处使飞机质量、总能量和成本对电池特定容量随时间变化的敏感性大大降低，即从认为 2025 年可实现的 500（W·h）/kg 到未来预期的约 1 000（W·h）/kg。虽然 500（W·h）/kg 的电池可以帮助减少 82% 的能量，但航程性能却降低到了仅仅 200 n mile，与需求相差甚远。一种解决办法是采用混合电推进技术，在航程无明显减少的情况下实现总能量需求的减少。这将在后面更详细地讨论。

参考文献 [8] 中的研究证实了这样一个事实，即飞机设计的航程减小和推进一体化策略与电推进技术具有协同作用，可以显著提高经济性。因此，相对短期的电池可能和长期电池一样具有经济性，前提是航程减小从实际角度来看是可以接受的。

因此，到 2030 年，电池供电的并联混合动力支线飞机应当是可以实现的。参

考文献 [8] 中的研究考虑了 ATR-42 大小的支线飞机（48 名乘客，600 n mile 航程），针对机翼载荷和推力重量比进行了优化，所提出的最佳分布式混合电推进解决方案包括替换原有的涡轮螺旋桨发动机，并将其推力产生能力分配到两台外侧混合动力涡轮螺旋桨发动机和两台驱动螺旋桨的内置电动机上（见图 8.6）。

涡轮发动机

涡轮发动机–电动机

电动机

基线涡轮螺旋桨飞机　协同分布式混合电推进飞机

图 8.6　支线飞机上的电池驱动分布式混合动力电推进

此外，在参考文献 [8] 中分析的飞机包含以下结构变化，从而实现分布式混合电推进系统的协同集成。

（1）通过移除内侧涡轮螺旋桨和引入翼尖推进来降低阻力；

（2）提高推进效率的机身 BLI 技术。

图 8.7 显示了当总功率需求中的电池部分从 0% 调整到 75% 时，电池、燃料和总能量是如何变化的。100% 数据点指的是电动飞机，其中混合动力涡轮螺旋桨发动机被其电机替代。

图 8.7 中的能量曲线对应于使用两个独立混合动力涡轮螺旋桨发动机实现的非分布式混合动力飞机推进，推进器之间无须任何形式的协同集成。方框包围的数据点是具有协同集成的比较合适的与分布式

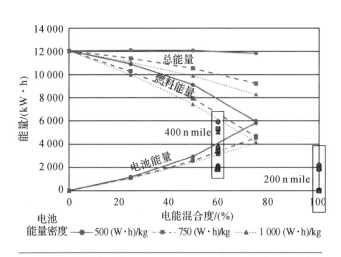

图 8.7　混合推进能量等级的比较（传统、电推进、分布式电推进）

混合动力推进有关的配置。首先，图 8.7 显示，与非同步混合电力推进的曲线相反，分布式混合电推进的协同集成使得对所用电池能量密度变化的敏感性较低。其次，当电能混合度设置为 60% 时，在 500（W·h）/kg 电池的 400 n mile 范围内，总能量消耗和燃料能量消耗（因此气体排放）降低了 50% 以上。尽管支线飞机的航程通常为 600 n mile，但 90% 的美国支线飞机航程不会超过 400 n mile，因此，这里讨论的分布式混合电力推进解决方案可以作为一个实际的方案。参考文献 [8] 中对支线飞机的分析可以总结如下：

（1）分布式混合电推进解决方案在航程性能和运行经济性之间构成了令人较为满意的平衡点，虽然其与实际运营要求保持一致，但仍然需要运营商愿意接受航程限制。

（2）相对短期应用的电池与长期应用的电池一样具有经济吸引力。

8.7 分布式混合电推进短程飞机

8.7.1 无电池的部分涡轮电分布式混合电推进系统

图 6.23 所示的部分涡轮电分布式混合动力推进系统在这里采用的是无电池结构。图 8.8 展示了美国宇航局研究的一种管翼概念飞机。传统的涡轮风扇仍然保留，尾部安装 2 ～ 3 MW 边界层吸入（BLI）电动风扇，采用部分涡轮电驱动。因此，涡轮风扇发动机集成了一个专用于给 BLI 风扇供电的发电机。除了 BLI 集成结构外，机身结构保持不变。2016 年，该初步研究所得出

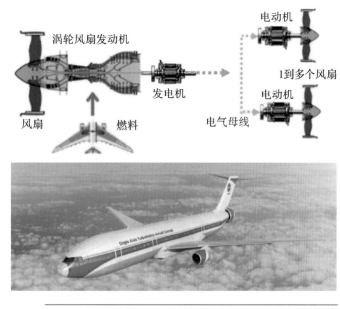

图 8.8　无电池的部分涡轮电分布式混合电推进管翼状短程飞机[3]

的结论是，预期的燃料消耗减少将在 7% ～ 12% 的范围内，航程 / 速度性能或飞机基础设施要求没有变化[3]。但是，在更高真实度假设下进一步分析的结果就不那么乐观了，只有推进系统的全部电气化才能使燃料消耗减少 3% ～ 4%，而要真正利用可以实现的系统总效益，工业界还有很多工作要做。

8.7.2 燃料电池涡轮电分布式混合电推进系统

部分涡轮电概念可应用于带 BLI 的 TBW 飞机。采用了非常先进的涡轮风扇发动机，由于边界层吸入效应，空气动力效率得以提高。燃料电池用于操作尾部安装的 BLI 风扇（见图 8.9），该风扇由液态氢 – 固体氧化物燃料电池供电，由低温冷却超导电机驱动。对于 900 n mile 的飞行任务来说，燃料消耗减少最多可达 56%[3]。

8.7.3 无电池的涡轮分布式电推进系统

与部分涡轮电分布式混合电推进不同，全尺寸涡轮电分布式混合电推进为飞机整体设计提供了更大的推进灵活性和设计自由度，从而降低了结构质量和空气阻力。例如，通过放宽发动机输出设计限制，从而获得更小的垂直尾翼，进而能够更好地分配推进系统部件的质量，并通过重新利用机翼和机身上方增加的"边界层"中的动量损失产生的"空气尾流"。这个边界层被风机"吸入"并加速可以产生额外的效率提高，因为它可以减少飞机的空气尾流和阻力。因此，随着发展全尺寸分布式混合动力电推进系统尚未开发的技术，例如非常高的涵道比和 BLI 技术等，可以用来提高整体效率。

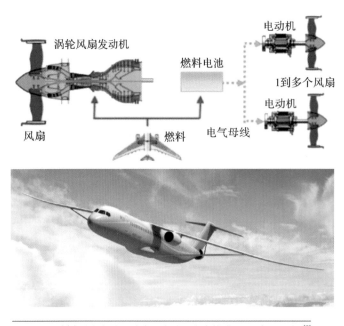

图 8.9　燃料电池与部分涡轮电分布式混合电推进 TBW 短程飞机[3]

在上述两种应用（通

勤飞机和支线飞机）中，分布式电推进方法包括在缩小涡轮螺旋桨发动机规格尺寸的同时增加电推进器。如果这一趋势被推向极端，最终的解决方案将是完全取消涡轮螺旋桨发动机。不管是混合动力还是非混合动力，都需要使用理想位置的多个电推进器。显然，这为后来被称为分布式电推进（DEP）的技术打下了基础，在这种情况下，推进器被分解成更小的电推进器单元并分布在飞机上。这种配置利用了电气系统在与燃气轮机发动机的热力循环中所具有的效率优势，如图6.15所示。此外，分布式电推进可提供高度耦合的气动推进集成选择。通过与航空/控制/结构的协同集成，可确保噪声和飞行质量的改善。

现在的问题是，考虑到锂电池和燃料电池仍存在特定的能源挑战，如何提供机上所需的电能为分布式电推进器提供动力。当转向分布式混合电力推进时，我们开始增加电推进器的数量，同时缩小传统燃气轮机推进器的规模，从而将产生推力的部分需求从燃气轮机转移到电动机。现在，燃气轮机可能不是用来直接驱动螺旋桨或风扇直接产生推力，而是通过驱动发电机作为电能来源。这样的燃气轮机/交流发电机（GTA）将通过向电推进器的电机提供电能来间接地促进推力的产生，后者现在直接负责飞机的整体推力。由于燃气轮机的应用，这种分布式推进结构仍将被叫作分布式混合电推进架构。其基本原理是在图6.20中解释的全涡轮电或串联混合动力概念，其燃气轮机/发电机现在被称为GTA，推进器/电机装置现在以多个较小的单元的形式分散定位和分布安装。

因此，全涡轮电分布式混合动力推进系统允许单独优化GTA的热效率和风扇的推进效率，从而为完全放弃电池和提高整体效率提供保障。事实上，这种系统是一个由燃气轮机组成的动力系统，主要用于驱动分布在机翼上方、下方或内部的多个电推进风扇。

例如，在NASA和ES-Aero研究的ECO-150飞机上，分布式风扇/电机组件和GTA被集成到一架150人的管翼飞机的机翼中。全涡轮电分布式混合推进系统架构包括8个风扇/电机组件和两个GTA，机翼的每一侧包括4个组件，由安装在该侧的GTA提供动力[9]。GTA燃气轮机/交流发电机本身不提供推进推力，它们产生的电力通过机翼母线连接到每个电机/风扇组件和机载子系统（见图8.10）。

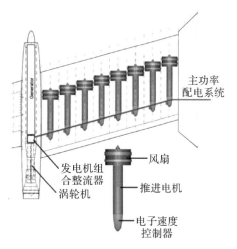

主功率
配电系统

风扇
推进电机
电子速度
控制器

发电机组
合整流器
涡轮机

图 8.10　无电池的涡轮分布式电推进管翼状短程飞机 [9-10]

在最初的 ECO-150 研究中，虽然系统的改进可以提高任务性能和整体效率，但是其系统集成、高性能电机可用性和推进系统质量增加等因素仍然不可忽略。根据基础技术假设，从液氢冷却的超导电机到各种技术水平的传统电机，性能普遍介于匹配和显著超过当前飞机燃油燃烧系统之间。最终，ECO-150R 版本（见图 8.10）被设置为利用电机技术中期发展水平进行研究。

8.7.4　电池和全涡轮分布式电推进系统

专用于燃油发电的主燃气轮机和备用燃气轮机与其他电源 [如二次动力装置（SPU）和储能组合] 相结合，可向驱动推进器的电机提供可靠的电能（见图 8.11）。为了表示清楚起见，图中未显示功率转换设备和电力电子

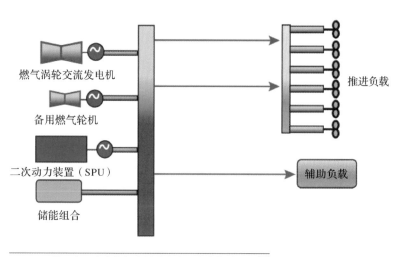

燃气涡轮交流发电机

备用燃气轮机

二次动力装置（SPU）

储能组合

推进负载

辅助负载

图 8.11　基于多冗余电能供应的分布式混合电推进系统 [11]

设备。这样的系统可以平滑应对飞行周期的峰值能量，并在需求阶段提供强大的功率。

在大型飞机上，分布式混合电推进系统将提供降低噪声、燃料消耗和气体排放的新飞机设计方案，如6.3.1.3所述，分布式混合电推进的主要功能是实现分布式推进的主要优势，即非常高的涵道比和BLI能力。它具有沿机翼长度成簇排列的众多小型电机的优势。

对于流线型和空气动力学高效的机身设计可以通过减小垂直尾翼的尺寸和改善质量分布来减轻质量和阻力。机身中集成的风扇，而不是传统的管翼配置中的几个大型翼下吊装的涡轮风扇，可以降低推进系统的总噪声。

图8.12[13]展示了由空中客车公司和劳斯莱斯公司研究的用于"吹翼"短程飞机设计（称为"E-Thrust"）的涡轮电分布式混合电推进系统。6个电动风扇阵列沿翼展成簇分布，其中1个或多个先进的GTA为风扇提供电力并为储能充电。混合动力概念使得缩小和优化GTAs巡航成为可能。起飞所需的额外动力将由储能系统（电池）提供。风扇和GTA的最终数量将根据飞机级别研究确定。

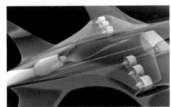

图8.12 带有BLI（6个风扇和1个GTA）"吹翼"短程飞机的电池 + 全涡轮电分布式混合电推进飞机 [12-14]

起飞和爬升阶段所需的峰值功率由GTA和储能系统提供。后者的尺寸主要是根据确保在这一阶段GTA发生故障时能够安全起飞和着陆来确定。在巡航阶段，GTA将提供巡航动力和为储能系统充电的动力。在GTA故障的情况下，储能器提供的电力可以继续飞行以安全着陆。在初始下降阶段，不向推进器提供电源，并且关闭GTA。这架飞机将是一架滑翔机，储能系统将为飞机的机载系统提供动力。在下降的第二阶段，推进器将利用"风车效应"并产生电力来补充储能系统中的电量。在着陆阶段，GTA重新起动，并为推进系统提供低水平的动力，用于弥补此阶段能量存储系统的假设功率损失。

在分布式混合电推进系统中，可以实现超过 20 的有效涵道比，从而显著降低燃油消耗和排放。因此，在未来几年中，与当前未进行改进的飞机相比，针对短程飞机上的分布式风扇推进系统的混合动力解决方案的目标是大幅降低燃油消耗、排放和噪声。在 2030 年及以后，这些解决方案可以减少 30% ～ 40% 的燃油消耗。

飞机的推进电机是超导电机，其功率在兆瓦范围内。它们必须从电能中获取推力，能够通过重新利用边界层吸入（BLI）效应来减少飞行阻力，并且在不用于提供推力时回收电能进行储存。为了实现与机身总体要求相匹配的集成分布式风扇推进系统设计（见图 8.13），需要 3 个关键的创新部件：

（1）尾流再生能量风扇：通过重新加速复杂尾迹捕获尾流能量。

（2）结构化定子叶片：从风扇产生的旋转空气中恢复推力，并适应连接到超导电机的超导电缆（电源和低温冷却剂）的布线要求。

（3）可逆运行的交流高压超导电机：以电机模式（起飞 / 爬升、巡航和着陆）驱动尾流再生能量的风扇，并返回发电机模式（下降风车效应）为电池充电。

上述短程飞机的分布式混合电推进系统架构要求在以下领域取得突破：

（1）高能量密度的储能部件［电池高达 1 000（W·h）/kg］；

（2）具有高功率重量比的更高效的电力电子设备；

（3）高温超导（HTS）电机、电缆和配电系统；

（4）超导元件的低温冷却解决方案；

（5）复合材料和金属材料技术。

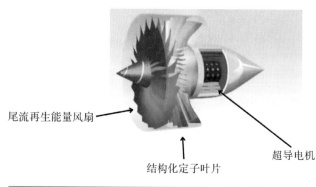

尾流再生能量风扇

结构化定子叶片

超导电机

图 8.13　分布式混合电推进涵道风扇推进器 / 电机单元（短程飞机）（改编自参考文献 [13]）

虽然动力电池技术日趋成熟，具体的能源问题也得到了解决，若在一定程度上使用超导元件，则完全依靠 GTA 而不必借助储能（电池）的分布式混合电推进解决方案也能达到预期目标。图 8.14 显示了这种带有两个 GTA 和超导电机的结构。

电动飞机技术基础

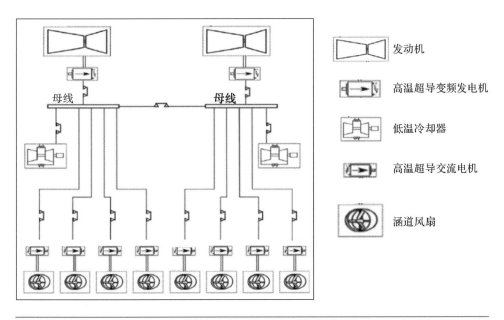

图 8.14 具有 BLI 的无电池全涡轮电分布式电推进系统（8 个电机、2 个 GTA）（"吹翼"短程飞机）[11]

8.8 超导磁储能的分布式涡轮电推进远程飞机

分布式混合电推进使更多的空气动力学构型飞机设计成为可能，例如混合翼体（BWB），也称为翼身融合（HWB）的飞机气动外形设计，以实现远程运输能力（见图 8.15）。这个概念已经存在了几十年，但最近又重新兴起了。作为传统管翼和飞行翼结构的混合体，混合翼身融合飞机寻求通过消除尾流部分和提高结构效率来提高燃油效率。尽管仍存在一些技术挑战，但这依然是飞机制造商考虑的方案。

在采用分布式混合电推进的翼身融合飞机上，将发动机整合到机身中，可以在具有非常高的涵道比和令人信服的噪声性能的基础上利用边界层吸入（BLI）技术。正如第 7 章参考文献 [1] 中所讨论的那样，面对 NASA 的 N+3 目标中提出的严峻挑战，混合翼身的优势使其非

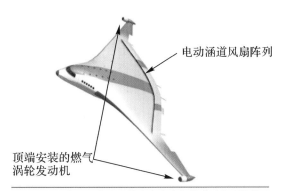

图 8.15 具有 BLI 的全涡轮电分布式电推进系统（涵道风扇阵列和 2 个 GTA）（翼身融合远程飞机）[15]

常具有吸引力。

翼身融合概念的困难来自它不像传统的管翼状机身那样有一个圆形的横截面。当在高空加压时，这会给机身带来不均匀的压力，能否以轻量化和经济的方式解决这一问题是当前研究的一个重点。其他的技术挑战包括以下因素，例如坐在远离飞机重心线的乘客身上的垂直加速度、机场的登机口空间、应急疏散规则，以及在设计中应用系列化概念的权衡选择。

美国宇航局研究的翼身融合飞机有一个扁平和反折的翼型机身（见图 8.16）。低有效机翼载荷和有利的配平效果意味着不需要复杂的高升力系统。外翼和翼缘都是简单的铰链式襟翼，都是由尾翼组成的。

分布式推进风扇阵列安装在机体的顶部，因此吸收了大部分边界层气流[16]，美国宇航局与罗－罗公司合作研究了图 8.16 所示的翼身融合飞机，以量化分布式混合电推进的好处。其研究 [17] 表明，有效的涵道比在 30 以上。

两个顶部安装的 GTA 提供推进所需的所有电力。根据飞机宽度、风扇压力比、边界层和净推力，最多可将 16 个风扇 / 电机单元集成到机身上。技术方面采用了低温冷却超导发电机、电机、电缆、保护装置和储能装置。电池让位于超导磁储能（SMES）。超导风扇 / 电机单元的额定功率为 3.3 MW，两个顶部安装的 GTA 向推进系统提供 50 MW 的推进功率。

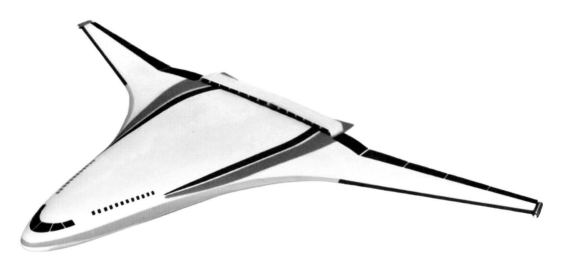

图 8.16　具有 BLI 的超导磁储能全涡轮电分布式电推进飞机（多达 16 个风扇和 2 个 GTA）[17]

翼身融合推力额定值为 86 000 lb（起飞最大值），推力比油耗（TSFC）约为 0.3 lbm/h/lbf（爬升顶部最大值）。与波音 777 飞机（一种带有传统涡轮风扇的管翼式远程飞机）相比，翼身融合飞机更重，但燃油质量可大幅降低 60%。

除了预期的性能外，分布式混合电推进翼身融合飞机在外界噪声方面表现也十分出色。由于其庞大的结构，机体提供了一个更大的屏障，可以隔绝位于机身上方的发动机噪声。虽然发动机噪声本身不大，但它仍将被飞机机体屏蔽，并且远离地面，从而进一步减少对外界的噪声干扰。在美国宇航局的一项研究[18]中发现，翼身融合飞机与 2005 年的一架参考型管翼状飞机的噪声累计差值为 −37 dB。

8.9 结　论

第 7 章和第 8 章展示了传统飞机推进系统将如何慢慢地转向具有突破性的混合电推进和全电推进系统。在前一种情况下，当前的发动机可能会受到混合解决方案的影响，其中燃气轮机（或活塞式发动机）仍承担主要任务，用来补充推力的电机对推力的贡献较小。在后一种情况下，完全电动的电推进器可以取代涡轮发动机（或活塞式发动机）。在这两种情况下，飞机系统的非推进功率都是由电力提供的，并可能在某种程度上来自电推进系统。

随着最先进的飞机推进技术朝着混合电力和全电力替代的方向发展，普通的燃气轮机可能首先与电动机结合，演变成混合电推进架构并进一步成为分布式推进结构。无论采用分布式构架与否，混合电推进技术被证明是向飞机全电推进发展道路上一个重要的转变。

这些章节讲述了飞机制造商和发动机制造商如何不断推出全电和混合电推进概念，准备从现在到 2050 年彻底改变航空业。预测显示，如果该技术发展在所需时间内达到预期，这些新飞机和电推进架构将大幅降低燃油消耗、排放和噪声，从而确保更环保、更具成本效益地运营。其性能提升最终将符合 Flightpath 2050 和 NASA N+3 计划提出的高效率和环境目标。所有这些方法都有附加条件，特别是储能比，与大型飞机相比，小型飞机对这个条件要求要低得多。

考虑到可预见的技术发展和现有储能技术，小型通用航空飞机可能是全电或混合电推进技术的早期采用者。更进一步发展的可能是通勤飞机。尽管有一些相对可接受的航程约束，支线飞机可能会效仿分布式混合电推进。其次，由超导电力系统支持的短程和远程飞机将采用分布式混合电推进结构。当前研究的领域主要是具有垂直起降（VTOL）和自动驾驶能力满足未来城市机动概念要求的不同形式和不同气动外形的电动飞机。

目前仅适用于活塞式和涡轮发动机的认证适航规则必将跟随着向电推进技术发展的趋势而发生变化，此外，还包括城市空域和城市空中交通管理的新概念。

有趣的是，在 1985 年著名的故事片《回到未来》的结尾，医生、马蒂和詹妮弗正准备"时光旅行"到 2015 年。马蒂表达了他的担忧，医生没有给自己足够的"道路"让他的未来飞行汽车达到 88 mile/h 的起飞速度（电影中的时间旅行要求）。医生回答道："路？我们要去的地方，我们不需要路。"然后"德洛宁"号飞走了。这无疑是对未来城市机动性的肯定，因为垂直起降飞机正等待着城市居民和郊区居民。凭借着电推进技术的进步和空中交通规章制度的完善，安全且超快的机动性将与无污染且安静的城市生活很好地结合起来。

参 考 文 献

[1] http://zunum.aero/technology/, accessed March 3, 2018.

[2] Bradley, M.K. and Droney, C.K.,"Subsonic Ultra Green Aircraft Research: Phase II—Volume II—Hybrid Electric Design Exploration," prepared by the Boeing Company for NASA Langley Research Center, Contract NNL08AA16B—Task Order NNL11AA00T, NASA/CR–2015-218704/Volume II, April 2015.

[3] Jansen, R.H., Bowman, C., Jankovsky, A., Dyson, R. et al.,"Overview of NASAElectrified Aircraft Propulsion Research for Large Subsonic Transports," NASA GlennResearch Center, EnergyTech 2017, Cleveland, OH, USA, October 31-November 2, 2017.

[4] https://community.plm.automation.siemens.com/t5/Simcenter-Blog/The-E-Fan-X-Eaviation-is-about-to-happen-and-sooner-than-you/ba-p/452069?lightbox-messageimages-452069=48831i3B0306C0ACA43B7A, accessed September 14, 2018.

[5] https://community.plm.automation.siemens.com/t5/Simcenter-Blog/The-E-Fan-X-Eaviation-is-about-to-happen-and-sooner-than-you/ba-p/452069?lightbox-messageimages-452069=48826i1AC8A723252C3ABE, accessed September 14, 2018.

[6] https://kids.kiddle.co/Airbus_A350_XWB, accessed February 16, 2018.

[7] Fefermann, Y., Maury, C., Level, C., Zarati, K. et al.,"Hybrid-Electric Motive PowerSystems for Commuter Transport Applications," Safran, 30th Congress of the International Council of the Aeronautical Sciences (ICAS), Daejeon, South Korea, September 25-30, 2016.

[8] Antcliff, K.R.,"Turboprop Electric Propulsion with and without Synergistic Integration and Operations," NASA Langley Research Center, 2nd On-Demand Mobility and Emerging Aviation Technology Joint NASA-FAA Workshop, Arlington, VA, USA, March 8-9, 2016.

[9] Schiltgen, B., Gibson, A., Green, M., and Freeman, J.,"More Electric Aircraft: 'Tube and Wing' Hybrid Electric Distributed Propulsion with Superconducting and Conventional Electric Machines," Empirical Systems Aerospace, SAE Technical Paper 2013-01-2306, 2013, doi:10.4271/2013-01-2306; SAE 2013 AeroTech Congress & Exhibition, September 24, 2013, Montréal, Canada.

[10] http://aviationweek.com/technology/when-will-these-civil-aircraft-concepts-fly#slide-2-field_images-1570041, accessed March 5, 2018.

[11] Husband, M., Raffaelli, L., Alderman, J., Berg, F. et al., "Distributed Electrical Aerospace Propulsion (DEAP)," Rolls-Royce, Airbus Group Innovations, Cranfield University (UK), Electric & Hybrid Aerospace Technology Symposium 2015, Bremen, Germany, November 17-18, 2015.

[12] http://aviationweek.com/technology/when-will-these-civil-aircraft-concepts-fly#slide-0-field_images-1570041, accessed March 5, 2018.

[13] "E-Thrust: Electrical Distributed Propulsion System Concept for Lower FuelConsumption, Fewer Emissions and Less Noise," Airbus, Rolls-Royce, May 2014.

[14] http://company.airbus.com/news-media/media ～ item=2efe334d-1141-403c-8449-

1b7180c8e7fa ～ .html, accessed May 4, 2018.

[15] Malkin, P.,"Hybrid Electric Distributed Propulsion Aircraft—A Hybrid Like No other?," Newcastle University, Electric & Hybrid Aerospace Technology Symposium 2015, Bremen, Germany, November 17-18, 2015.

[16] Isikveren, A.T., Seitz, A., Bijewitz J., Hornung, M. et al.,"Recent Advances in Airframe—Propulsion Concepts with Distributed Propulsion," Bauhaus-Luftfahrt, Central Institute of Aviation Motors, ONERA, Airbus, 29th Congress of the International Council of the Aeronautical Sciences (ICAS 2014), Saint Petersburg, Russia, September 7-12, 2014.

[17] Armstrong, M.,"Superconducting Turboelectric Distributed Aircraft Propulsion,"Rolls-Royce, Cryogenic Engineering Conference/International Cryogenic Materials Conference, Tucson, AZ, USA, June 28-July 2, 2015.

[18] "Status of Hybrid Wing Body Community Noise Assessments," NASA, AIAA Aerospace Sciences Meeting, Special ERA Session, Orlando, FL, USA, January 6, 2001,http://www. aeronautics.nasa.gov/pdf/asm_presentations_status_hwb_community.pdf.

第 9 章

维护性与运行概述

CHAPTER NINE

·电动飞机技术基础·

本章总结了多电飞机和即将到来的电动飞机将如何影响现在飞机运行维护的不同场景。因此，下面将处理飞机在地面和空中飞行时的运营问题。由于这些主题都是关于电动飞机在中长期时间框架内提出的，而且一些看起来最合理的技术路径的关键问题仍然没有得到解答，所以下面的讨论也只是对未来空中交通运输一些带有前瞻性的技术进行说明展望。

9.1 地面运营

9.1.1 维护维修性的技术进展

航空维修包括确保符合适航指令（包括服务公告）的所有任务。这些任务都是由原始设备制造商（OEM）严格规定的，以确保每个部件的安全使用。这些规定由美国联邦航空管理局（FAA）、民用航空管理局（CAA）或欧洲航空等国家监管机构监督并由国际民用航空组织（ICAO）等机构进行国际协调。为了确保遵守这些规定，每个维修任务和每个指定的工作人员都必须有执照。定检也是认证过程的一部分，型号合格证审核（TC）或TC的修改期间，定检计划被记录并由认证机构批准。

维修市场本身是非常分散的。大多数大型航空公司自己在执行其中的一些定检任务，其余部分将被转包给独立的维护、维修和大修（MRO）专业公司，比如汉莎航空技术公司等，或者是零部件/飞机原始设备制造商。

9.1.1.1 定检计划

目前，维护任务的计划往往要提前很久准备。根据飞行时间或飞行周期，大多数检查都是周期性地重复进行。一个周期描述一次起飞和一次降落。定检检查是在A、B、C和D检查中完成的。

A、B检查为线路维护，C、D检查为基础维护。线路维护包括小型检查和计划外事故，这些事故可能在几天内解决，也可能导致飞机失去适航性。丧失适航性或"地面飞机"（AOG）立即禁止飞行。

计划中的检查主要在夜班进行。白天，在服役的飞机之间，线路维护的主要任务是根据需要对"机翼"进行服务和维修。基地维护包括重大升级，如安装卫星通信系统、舱室翻新、大型检查，以及几乎所有的"起飞"前的维修工作。

1. A 检查

A 检查定期安排最小的计划间隔开展维护。每 400 ～ 600 个飞行小时或 200 ～ 300 个循环进行一次，这取决于飞机类型和需要维护的部件，可能需要 50 ～ 80 个工时。通常，航空公司会在机库的一个夜班（6 ～ 10 h）内完成 A 检查。一些任务也可以推迟或者提前完成，以确保在要求的安全水平下最大化飞机的使用时间。由于每架飞机都有数千个部件，一个巧妙的维修计划可以轻松节省数百万美元。

2. B 检查

B 检查每 6 ～ 8 个月进行一次，需要 150 ～ 200 个工时，这同样取决于飞机类型和设备状况。所有任务都可以在 1 ～ 3 天的停机时间内完成。这被广泛认为是线路维护的最长时间。利用更好的计划可能性，越来越多地将 B 检查划分为几个 A 检查（检查 A-1 ～ A-10），可以避免白天停机，最大化延长飞机使用时间。

3. C 检查

C 检查必须每 20 ～ 24 个月进行一次，这取决于实际飞行时间（或周期）或制造商的服务公告。这一检查将使飞机停飞 1 ～ 2 周，涉及多达 6 000 个工时。这包括对大多数飞机系统和部件的检查。C 检查不能再细分为几个 B 检查，因为有很多组件需要运往外地的供应商进行维修。由于停机时间较长，C 检查可以在专门的 MRO 维修公司设施上进行，而这些设施不一定靠近航空公司的枢纽。大多数航空公司利用这种检查来进行升级，比如客舱改造、连接设备安装或航空电子设备升级。对于波音 747-400 来说，C 检查本身的成本可能在 70 万美元～ 150 万美元之间。

4. 3C 检查

3C 检查，有时被称为"中间停留"（IL）检查，在一些飞机上是必要的，以检查结构部件和一些高负荷部件的腐蚀程度。与 C 检查类似，它可以与主要的客舱升级相结合，比如通过新座椅或标识物来改变等级。这些任务的结合再次节省了飞机的停机时间。3C 检查可以合并到几个 C 检查或一个 D 检查，整合的主要原因是更好的飞机防腐蚀保护措施提高了可靠性。

5. D 检查

D 检查，有时被称为"重型维护访问"（HMV），必须每 6 ~ 10 年进行一次。这是迄今为止最大的维护检查，需要 2 ~ 3 个月。在所需的或多或少的 5 万工时中，整架飞机被拆卸，所有的部件都要检查。对于一些结构目视检查，甚至飞机的油漆也必须被去除。由于这种检查非常耗时且工作非常密集，所以通常在劳动力和机库成本较低的国家进行。这样一项检查很容易就会花掉几百万美元。例如，一架波音 747-400 飞机，每 72 个月（6 年）就要进行一次 D 检查，费用约为 500 万美元。由于停机时间较长，D 检查的计划要提前很久进行安排。通常会提前进行检查，以便在冬季飞行计划中对较少的飞机进行检查。由于成本很高，即将到来的 D 检查可能会导致飞机的淘汰，因为它的剩余价值可能低于检查成本。大多数商用飞机总体上要经过三次 D 级检查。

9.1.1.2 维修预测及状态监测

计算机控制系统的出现引出了状态监测的概念，而计算能力是关键因素。正如"状态监控"术语所表明的，这里的维护任务不再基于固定的飞行小时数、周期或时间，而是基于飞机组件的实际运行状态。这种情况主要是由机载传感器决定的。维护条件通常必须由多个指标来定义，包括：

（1）压力；

（2）振动和声音；

（3）温度和传热速率；

（4）转速（轴向和旋转）；

（5）功耗、电流、电压；

（6）应力、压力和振动；

（7）整体位置；

（8）计算机输出信号。

由于现在实时数据可用性的增加，即使是非关键系统也可以实现状态监控。这种系统的最大优点是降低了维护成本。MRO 公司能够专注于检查和 / 或更换有实际缺陷的部件，或更快地发现问题，从而减少飞机停机时间。

　电动飞机技术基础

状态监测的挑战在于找到系统成本和预期节省之间的经济平衡。由于状态监测系统需要先进的仪器设备和传感器，因此初始成本可能非常高。传统组件通常缺乏数据接口，甚至连电源接口都没有，因此很难进行改装。无线数据通信可以解决这种问题。这种技术的一个应用是涡轮轴或泵马达等旋转部件的振动传感监测。

分析更复杂的组件需要数据融合技术，其挑战在于如何使用正确的数据组合和解释来确定需要更换的有缺陷部件。

视情维护（CBM）的一个基本问题是测试仪器本身日益复杂。如果传感器本身出现故障，它们可能会提示本不存在的组件故障，从而再次增加了飞机部件维护成本。

所有多电飞机都会采用电气系统代替液压和气动系统，全电推进系统也淘汰了传统的推进系统。大多数电气化系统仍需要通过传感器实现有功功率控制，因此必须满足状态监测的硬件要求。但是，困难仍然在于找到什么样的数据表明什么样的失效信息。这就是为什么数据解释算法往往在几个月甚至几年之后就成熟了，这主要依靠传感器读数与实际维护结果的交叉检查和验证。

术语"视情维护"（Condition-Based Maintenance, CBM）和"预测维护"（Predictive Maintenance, PdM）通常用作同义词。实际上，两者之间有细微的差别，或者更准确地说，它们有相当多的重叠。PdM通常使用CBM的工具和方法，但也可以使用其他数据源来预测飞机零部件的寿命。

只有当组件显示出故障或不可接受的性能下降迹象时，才应执行CBM。PdM的目标是预测部件的故障，以便即使部件没有出现任何退化迹象，也可以提前对其进行更改或修复。因此，采用了基于统计原理的大数据分析工具。

举个简单的例子，让我们以经济舱飞机座位的扶手为例，CBM可以监测整个工件的应力曲线。如果这条曲线改变成某种形状，就将会被解释为扶手性能下降，这部分扶手将被维修或更换。PdM将以同样的方式使用相同的信息，但它也可以考虑其他因素，例如，有多少乘客坐过这个座位。PdM模型预测，每3万名乘客中就有一次因为划痕而更换扶手。任何传感器都无法检测到划痕，因此无法跟踪实际情况。另外，以经验为基础的模型可以很好地说明何时应该考虑更改和维护。经典的维护计划是基于"简单"的经验模型。与现代预测性维护数字模型的本质区别在于将基于经验数据与实时数据相结合。这些广泛的数据可能会揭示一些失效模式，表明以前未知或未检测到的故障的根本原因。

CBM 的另一个非常重要的方面是"随时待命"的能力。大多数检测技术都是在部件运行过程中对其进行传感的，这使得复杂的拆卸变得不必要，或者至少不再是强制性的。这是节省成本的一个重要因素。

表 9.1 显示了 CBM 的优点和缺点。

表 9.1　基于状态监控维护的优点和缺点

优　点	缺　点
增加使用时间	使得支持 CBM 的组件成本增加
提高元器件可靠性，缩短 AOG 时间，通过优化维护计划降低维护成本	传感器故障导致维护任务的风险增加
在检查过程中，CBM/ PdM 非侵入性检测	可能会产生显著的改造努力
提高安全水平	由于错误的分析而导致不可预见的失败

为了获得 PdM 方法的全部好处，航空公司每架飞机的数据集必须连接到一个所谓的计算机化维修管理系统（CMMS）。它管理所有组件的状态，并触发维护任务和时间表。否则，一个拥有数百架飞机、每架飞机都有数百万零件的机队就无法有效运转。

为了实现这一目标，需要几种检测技术。通过传感器测量不同的光谱、声学、振动、温度、速度、功率、应力、液体成分或计算机输出信号，对零件的状态进行无损分析。通常，不只是一个，而是几个指标被用来确定条件，分析设备和它的直接环境。特别是无线通信技术，开启了传感器网络的技术实施条件。

下面将对其中的一些技术进行更详细的描述：

（1）目视检查。目视检测在航空航天工业中已经使用了几十年。例如，黑光和对比液被用来检测裂纹、褶皱和腐蚀。内窥镜、镜子和透镜可以帮助维修人员发现隐藏的、不易接近的故障点，比如发动机。这些检查大多是由 MRO 工作人员在维修检查期间进行的，但最近摄像机传感器技术的发展使实时数据的自动收集成为可能。由于可见光相机传感器需要至少 300 lm 才能产生良好的效果，因此红外监测被越来越多地用于故障检测。它的多种用途允许应用于检测机械和电气故障（见图9.1）。由于其低廉的价格，它被认为是最具成本效益的检查方法之一。

图9.1　远红外监测故障

（2）声学检查。超声波和超声波实时分析主要用于机械转轴等运动部件分析。声波监测适合于精确度要求较低的应用场合。它更便宜，也可以由训练有素的专业工作人员通过他们的耳朵专心倾听来检测。超声波有足够的声学分辨率来检查像喷气发动机或涡轮泵一样高频旋转的机器机械运动。超声波麦克风可以通过比较声音轮廓来"听"出旋转机器的平稳运行状态和摩擦过大或应力过大状态之间的区别。每一种机器都有自己的声音配置，类似于声学指纹。摩擦、应力或变形等变化会在上超声谱中产生额外的可分辨的声音。这种效应在肉眼检查之前就能探测到异常磨损。唯一可比较的方法是振动分析。但是，与超声方法不同的是，在某些情况下，振动监测可能无法区分故障部件和健康部件（见图9.2）。

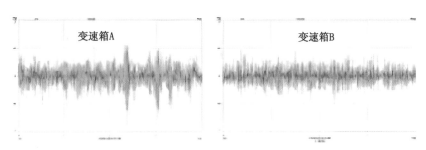

加速度计的波形相似，掩盖了其中一个变速箱内的机械故障。

图9.2　用于故障检测的振动监测

飞机原始设备制造商表示，基于数据分析和 CBM 的预测性维修技术可以在 2025—2035 年期间消除所有应急地面支援事件。这个时间表允许在未来电动飞机的设计配置中考虑应用这些技术进步。与此同时，多电系统的实施，直到最终有一个完整的电动飞机，将不仅有利于环境，而且有利于系统定检维护工作。到目前为止，现代传统飞机以增加系统复杂性为代价，降低了燃油消耗和重量。这种系统架构越来越复杂的趋势在全电飞机上可能会完全逆转，电气化使得气动、液压和燃油分配系统与传统的推进系统一起被取消。

9.1.2　多电飞机的变化

作为第一步，多电飞机可能会用电动系统取代液压和气动系统。液压系统可以通过烦琐的管道、泵和阀门，以及大量的配件和联轴器，将较大的力矩分配到整个飞机上。然而，由于架构中内置了冗余装置，因此它将具有非常鲁棒的性能。不幸的是，这也带来了一些维护方面的挑战。由于其复杂性，液压油泄漏通常很难定位。与此同时，泄漏的液压油可能会引起一连串其他故障。这使得液压系统和气动系统的维护既费时又昂贵。

液压和气动系统的使用，意味着由它们提供能源的执行器可以设计得更简单、更轻、更小型化。由于电机技术在过去几年里在这些领域取得了巨大的进步，以上这种优势几乎被抵消了。另外，电缆布线远没有管道复杂。如今的液压、气动和电力系统的功能可以全部集成到一个配电网络中。这就不是维护 3 个系统，而是针对 1 个系统。此外，电缆断裂比管道泄漏更容易检测。电线故障定位使用一种叫作反射测量的技术。这包括发送一个不连续信号到损坏的电缆处，这时断路或短路处会反射信号，并将其发送回来。反射所需的时间表示到线缆故障处的距离。

一般来说，电力系统更容易实现系统健康状态监控。即使是在多电飞机上，通过转向主要的电气架构，系统部件的减少也是显著的。一个很好的例子就是多电化的波音 787 飞机，其无引气的架构使得整体机械系统的复杂性比传统的波音 767 降低了 50% 以上，气动系统的消除是一个主要因素 [1]。由于机械系统复杂性的降低，与传统的有引气系统相比，航空公司的运营维护强度可能会降低，而且更加可靠，尽管电气系统的复杂性会增加。事实上，与传统飞机相比，转向电力系统有助于显著减少飞行计划中断，因为这些系统受无引气 / 多电架构的影响。其他好处则包括改进的健康监控和更大的故障容错能力。

此外，波音787飞机的特点是极大地扩展和改进了系统状态监控能力，并配备了先进的机载维护计算系统。这种能力与机载电子信息化技术相结合，使实时地面监测成为可能，更有助于快速、准确地排除787客机故障。飞机系统信息与完全集成的支持产品结合使用，有助于飞机维护和组织快速隔离故障部件的工程任务，减少返修服务时间。与传统飞机相比，无故障清除（NFF）也大大减少，这也为运营商降低了另一个主要成本驱动因素。因此，由于波音787飞机上广泛的系统电气化，尽管液压系统还没有完全被拆除，航空公司需要进行的维护也比以前少得多。这使得与传统飞机相比，检查间隔时间延长，如图9.3所示。

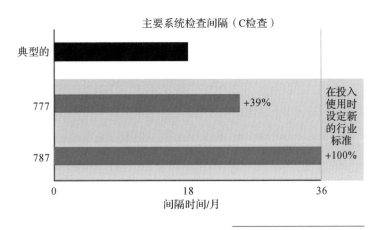

图9.3　远程飞机C检查周期

9.1.3　电动飞机的变化

在电动飞机上，动力系统的复杂程度会大大降低。目前的喷气式发动机是迄今为止开发的最先进的燃烧装置之一。它由多达30 000个部件组成。燃烧室湿度可达2 000 ℃，甚至废气仍可达500 ℃。因此，数十个叶片必须由陶瓷或单晶金属制成，或具有先进的冷却出口，以屏蔽冷空气。所有这一切使得它不仅是目前购买的最昂贵的飞机子系统，而且在维护方面也是最昂贵的。目前的喷气发动机及其支持系统已经有数十万小时的服役历史，而电动飞机仍处于起步阶段，需要一些学习过程才能达到目前的飞机应用状态。

相比之下，应用于航空航天的电动发动机可能只有大约250～300个部件。此外，温度的数量级也不相同。因此，很明显，电动发动机将有一个更低份额的总成本，然后是如今的喷气发动机。

电动飞机还增加了一个新的系统：一个固态电源系统。虽然已经使用电池，但电动飞机的功率等级需要升级到一个全新的水平。我们想象一下电池，它虽然可以储存足够的能量作为主要的动力源，但不像如今的飞机燃油，其仍需要维护。电池的充电状态和健康状态是保证电池安全运行和充分利用的关键因素。这意味着必须设计一种方法来维护它们。与如今的智能手机甚至电动汽车相比，在几百次循环之后更换它们，在生态和经济上都是不可持续的。此外，目前很多电池技术都是基于稀土材料。目前还不清楚如何提供这种电源的维修服务，以及由谁来提供这种服务。决定性因素包括技术专长、全球产能、价格，还有即将出台的法规。

9.1.4　机场运行操作

除维修外，机场运营是地面运营的另一部分。在接下来的章节中，我们将讨论基础设施、飞机周转和应急流程等主题。机场是目前航空业的基础。除了分散的直升机降落区（直升机停机坪）外，每个航空任务都在机场开始和结束。它的基础设施包括跑道、滑行道、停机坪、航站楼、机库、交通控制中心以及储油库等支持基础设施。国际机场也便于边境控制和海关检查。

9.1.4.1　基础设施

一个基本问题仍然存在：未来的飞机概念需要什么样的基础设施？着眼于更多的远距离和短程电动飞机，这一点不会改变。大型飞机总是需要一定的支持基础设施，特别是在涉及国际旅行时。关于飞机运营的内容在下一节将进行更详细的讨论。

如图9.4所示的Volocopter等城市空中交通概念需要的基础设施规模要小得多。然而，机场的核心功能必须以某种方式覆盖。直升机停机坪和"垂直起降场"的结合可能是一个解决方案。

假设城市空中机动性概念在定价方面比目前的直升机服务更具竞争力，那么飞行任务的数量将会高得多。因此，一个简单而无缝的登机和降落过程是必须的。许多研究表明，安全控制是目前机场的主要痛点。自动或远程控制的先进扫描技术，结合类似于美国ESTA系统的安全检查背景预筛选，可以最大限度地减少这方面的投入。由于这个过程应该在几分钟内完成，所以只需要一个较大的等待区域，像当前的航站楼将不再需要。

图 9.4　城市空运概念机

飞机本身将需要一个加油或充电设施，可能还需要一个小型航线维修站。根据预测分析的成功率，机场的维护甚至可以与类似的服务相结合。虽然城市航空运输可能已经配备至少一个由大城市提供的完整规模的机场，但低空城市空运的交通控制是否由当地机场管理的问题仍然存在。许多城市空中交通概念都考虑到空中交通管理的原则及其责任，但尚未得到解决。在关注自主操作飞行的基础上，导航、感知和避免碰撞也是关键技术。

然而，这意味着城市空中交通的概念将主要是通过所谓的大楼屋顶"垂直枢纽"或"垂直起降站"整合到道路上的地点之间的点对点连接。首个测试用例支持这个预测。

未来的智能地面交通系统也可能与城市空中交通概念直接竞争。事实上，目前大多数地面交通的商业模式都专注于在许多大城市地区发现的交通拥堵的痛点。因此，如果无人驾驶出租车或汽车共享概念成为现实，有了自己的交通管理，拥堵问题将得到解决，空中交通的吸引力也将受到影响。

从能源消耗的角度来看，航空航天应用总是要求更高，因此也更昂贵。而且，旧的应用程序将不得不与新应用程序无缝合并，这是一个相当大的挑战。此外，点到点的交通模式在一定程度上依赖于地面系统。即使城市空中交通的概念为它们的客户节省了一些时间，但地面解决方案不仅提供更低的价格，而且更舒适，机上基础设施允许更好地利用旅行时间。类似的情况也可以在短途运输的火车和飞机上观察到，特别是在欧洲和亚洲地区。

9.1.4.2　飞机地面处置

再次聚焦于更大的电动飞机概念，这些将需要类似于如今的飞机处置服务，只是有两个例外：加油／充电和推回／滑行。

9.1.4.3　加油／充电

由于电动飞机最大的变化之一将是主要能源的更换，因此需要对加油过程进行重新设计。如果新能源是液态或气态的，目前的工艺可能不会有太大不同。

对于电池系统，通常有两种解决方案：充电或更换电池。充电的主要挑战是时间。如今，A320飞机的周转时间在 30～60 min 之间。只有在机上没有乘客或飞机旁边有一辆消防车待命的情况下，才允许给飞机加油。但是，即使预测电池在整个周转时间内都可以充电，要在这段时间内对电池进行充电，同时又不损失太多的电池寿命，在技术上还是非常具有挑战性的。此外，从特定的能源角度来看，电池技术还有很多有待提高之处。

如果具体的能源挑战可以解决，但充电时间框架不能解决，那么电池更换将是最有可能的解决方案。一些汽车制造商已经展示了这种快速、自动电池交换系统的概念。

这两种解决方案对机场标准化都有一个共同的挑战。如今，所有的飞机都用同样的航空燃料飞行。比如对于电动汽车，有很多的电源插头标准。每个汽车制造商都定义了自己的插头与特定的电压和电流标准。对于飞机地面支持设备（GSE），有一个标准的连接器，即欧式插头。然而，对于未来的电动飞机电池，现有的欧式连接器可能是不够的。这可能需要标准化机构为电池充电过程制定标准。此外，根据飞机系统架构的不同，不同的OEM制造商可能会提出完全不同的电力架构。因此，对于机场来说，定义一个非常灵活且可伸缩（上下）的电网架构是非常必要的。

电池组的形状主要是由电动设备车辆的几何形状决定的。预测各种构型也意味着当前的几何形状标准不再有用了。例如，LD-X 货运标准集装箱（见图 9.5）可以装进几乎每一架长途飞机的货舱——A380、A350、A330/A340、B747、B777、B787……。为了适应这一标准飞机的飞翼布局，可能会浪费大量的空间，导致需要设计一种新型的货运集装箱。

　　　　　电动飞机技术基础

因此，如果所有的电动飞机都有很多不同的配置，机场将不得不储存大量不同种类的电池。这不仅意味着存储空间的挑战，还意味着相应成本支出的增加。

这就是为什么 SAE International 等标准化机构已经在与所有受影响的行业利益相关者讨论可能的解决方案，以避免这种情况的发生。目标是制定一个标准，使可变性最小化，并为标准化设计、生产和测试提供指导。

图 9.5　LD-X 货运标准集装箱装载进 A380 客机

同样，在机场使用燃料电池需要储存和／或将氢能燃料分配到机场设施供飞机加注。这需要对基础设施进行修改，以解决危险预防和安全问题。

9.1.4.4　推回／滑行

对环境保护日益增强的意识和关注推动了航空技术的创新。其中一个需要解决的问题是飞机在地面上使用喷气发动机进行机动，导致了各种不期望的污染排放。一般的工作原理是使用电瓶车将飞机从登机口移动到跑道，反之亦然。近几年来，相关研究和演示已经在短程飞机上进行，以验证飞机本身可以实现的电动滑行。该解决方案包括将电动轮毂马达集成到起落架上，在必要时从 APU（或燃料电池）和电池中获取电力。由于 APU 比涡轮风扇发动机更省油，故这种基于飞机本体的电动滑行可以减少燃料消耗和碳排放。此外，采用这个解决方案改良传统飞机是可行的。第 7 章对传统飞机的这种增量式电气化方法已经进行了深入的分析。

9.2　飞行中运营

本节讨论电动飞机的驾驶舱和客舱概念，考虑到飞行驾驶舱比客舱有更多的变化，从飞行执照开始，对有争议的话题就进行了概述，如单飞行员操作、自主飞行以及未来城市机动性与飞行员类似的无人机操作员等内容。总的来说，并不是所有这些话题都与电动飞机直接相关。但这就是未来，所以在阅读这个设想实践时，请记住，未来只能以有限的确定性来预测。

9.2.1　飞行驾驶舱操作

随着电动飞机的引入，驾驶舱至少会有一些变化。

类似于飞机型号认证挑战，飞行员执照将是电动飞机运营的一个主题。如今，飞行员需要获得所在国家民航局颁发的证书。尽管进行了几次尝试，但各国的飞行执照许可程序仍然不同。最著名的飞行员认证管理机构是美国的联邦航空管理局（FAA）与欧盟和瑞士的欧洲航空安全局（EASA）。

由于有不同的飞机类别，所以许可证也有不同的等级，进一步按等级区分为：

（1）私人和商业飞行执照（PPL 和 CPL）。二者分别用于非商业和商业运营的小型飞机操作。根据国家不同，可提供不同的分级评级，例如复杂飞机、单发 / 多发飞机（最大起飞重量为 2 t）等。

（2）航空运输飞行执照（ATPL）。在通常由航空公司运营的商业飞机范围内，飞行都需要这个执照。ATPL 是涵盖 PPL 和 CPL 的最高级别许可证。对于每一种飞行的飞机类型，都需要额外的类型等级。

（3）无人驾驶飞机操作者。一些国家开始通过要求无人机操作员许可证来规范无人机操作，特别是商业无人机的操作也包括在这些行动中，但是目前还没有一个体系化的国际标准来进行规范。

根据电动飞机的配置及其训练标准（TC），可获得相应的飞行员执照。这里最大的差距在于城市空中交通概念。这些运载工具通常是超轻型飞机、直升机和无人机的组合。例如，一款城市空中交通原型机目前正在申请 EASA 超轻型飞机认证。衍生出的超轻型飞行员执照将只对欧洲有效，而不是用于商业用途。

用于商业短程应用的大型电动飞机概念将根据 CFR Part 25 进行认证，因此带有特定类型评级的正常 ATP 飞行执照许可证可能就足够了。

9.2.2　单飞行员操作

目前，一个备受争议的话题是大型商用飞机的单飞行员操作。这将标志着自主飞行的第一步。由化石燃料驱动的汽车和航空航天飞行器都将能够整合必要的技术来实现（更大程度的）自动化驾驶。原来自动驾驶的话题是公众对电动汽车的印象，现在这种印象也转移到了航空航天领域。然而，关于为什么电动飞机项目可以促进这一概念的实施，还有一些争论。

由于许多大型短程飞机应用的概念设想都基于多风扇叶片或多螺旋桨与多动力源，所以在故障情况下的飞机推力控制正变得越来越复杂。此外，这些发动机不仅能产生推力，还能提升升力或操纵飞机姿态。可以假定，类似于现代非稳定飞行的战斗机，没有强大飞控计算机的支持是无法操纵这些飞机的。因此，无论如何，计算机对飞行操作控制负有很大的责任，问题是在出现飞行故障的情况下，飞行员将如何有效地进行干预。有可能得出这样的结论：在成本和安全方面，最有效的操作模式是支持一名飞行员的先进自动驾驶系统。

在这种情况下，最大的问题将是如何补偿一名飞行员在医疗紧急情况下的损失。对于这种特殊情况，初步研究支持远程飞行控制试点解决方案。如果其中一个飞行员突然在飞行中感到不适，这些远程飞行员也可以支持双飞行员操作。

9.2.3 自主飞行

关于自主飞行的讨论更具争议。自主飞行类似于商业飞行的单飞行员操作，与电动飞机没有直接关系，但经常被相提并论。

与单飞行员操作相比，如今的自主操作主要是由小型电动飞机概念驱动的，比如民用无人机应用和城市空中交通工具。在这里，商业案例是基于这样一个假设：自主飞行在技术上是可行的，在社会上是可接受的，而且成本低廉。也仅仅因为目前没有足够多的飞行员，城市空中交通可能也需要自主飞行来实现这一商业案例。

在商业航空中，自动驾驶系统多年来一直是常规配置。自动着陆系统已经就位，但标准程序仍然是由飞行员手动着陆。全自动飞行也被多次演示。1988 年，俄罗斯的"布兰"号宇宙飞船完成了完全自主的起飞、太空飞行和着陆，这是最著名的例子之一。在军事无人机行动中，"自主或半自主飞行"正日益成为标准程序。诺斯罗普·格鲁曼公司的 X-47B 无人作战飞机（UCAV）甚至展示了航空母舰上的自动空对空加油和降落（见图 9.6）。

请注意，这些飞行操作都是在没有成员的飞机上进行的，但技术是成熟的。然而，一些业内人士，尤其是航空公司相关人士表示，商用航空的自主飞行将需要超过一代人的时间才能成为现实。飞机制造厂商如波音和空客则更为乐观，希望在几个月内而不是几十年内开始试验。双方都有有效的论据。

反对自主飞行的主要理由之一是安全问题。问题不在于计算能力，而在于人工智能决策树的生成。在不可预见的情况下，即使人工智能（AI）也无法想出"创新"的想法来解决问题。此外，人工智能需要大量的数据来训练机器学习解决问题。目前还没有证明下面情形，例如模拟器提供的紧急情况现有数据对这种自主控制方法是足够的。

另一方面，自动驾驶在其发展过程中获得了显著的吸引力，而汽车的运行环境远不如飞机。因此，汽车行业的问题解决算法也可以帮助航空行业克服技术挑战。在不久的将来，我们将看到原始设备制造商能够达到强制性的安全标准，并证明自主飞行在商业飞机上的技术可行性。对于不同的初创企业和原始设备制造商所列出和公布的时间表，我们必须有所保留。20世纪80年代，人们也曾经预言对未来的设想，自动飞行将在2000年之前成为现实。就像单飞行员操作一样，开发一种全新的飞机，尤其是重新定义当前标准的电动飞机，将会促进技术发展，从而增加实施的机会。

还有一个方面是社会对自主飞行的接受程度。乘客是否会乘坐自主飞行的飞机就像技术问题一样备受争议。就像现在的火车、汽车和卡车一样，一些人相信自主技术，而另一些人不相信。历史表明，人们需要一段时间才会习惯新技术。在一些城市，比如巴黎，全自动地铁已经投入使用多年，乘客们很乐意乘坐，通常不会注意到没有司机。然而，仍有一些公共交通供应商确信，他们的客户不会接受无人驾驶火车。自动驾驶汽车引发了更大的讨论。这种争论并不总是由逻辑论证驱动的，且当事故发生时，尤其是当发生死亡事故时，就变得很明显。从理论上讲，大多数技术演示者已经证明，与有人驾驶相比，自动驾驶的可靠性要高得多，社会上肯定会在是否采用这个概念的问题上争论不休。

图9.6　UCAV 在航母上降落

另外，装有防抱死制动系统（ABS）或电子稳定控制系统（ESC 或 ESP）的汽车被认为更安全，即使这意味着计算机可以超越人类驾驶员的行动，自主管理自动刹车系统。因此，当自动驾驶比人类操作系统的安全水平更高的统计数据得到证明，并且公众也相信这一点时，它就可能成为必备产品。考虑到公众舆论的情绪化而非逻辑化发展，很难预测这种情况是否会发生或何时会发生。

9.2.4 飞行员为无人机操作员

在无人驾驶的军事应用中，飞行员作为一个甚至多个无人机的操作员已经实施了多年，但对于商业航空来说，这仍然被认为是破坏性的。这背后的直接原因是，商用飞机需要搭载乘客，因此必须遵守严格的安全要求。

在 21 世纪初，美国开发了携带武器的无人机，从原型机发展到现在的无人驾驶飞机（UCAVS）。无论在全球的哪个地方，战斗无人机的行动都正在使得无人驾驶这种情况越来越普遍。顺便说一句，大多数飞行员都远程驻扎在欧洲基地（见图 9.7）或美国本土，有时离战区几千英里远。这个距离会导致信号延迟，在命令发出到无人机接收到命令的时间之间有几秒的延迟。

图 9.7　捕食者无人机的远程和地面控制站

由于这一延迟，起动和降落等关键时间操作由无人机操作员就地执行。当无人机到达其操作高度时，将移交给远程定位的飞行员。由于这些操作大多是高度自动化的观察任务，无人机是半自主操作的，也就是说，除非存在潜在的发现需要操作人员的行动，否则无人驾驶飞机无须人工交互即可飞行。这就是为什么无人机操作员有能力"飞行"一架以上的无人机。

未来的战斗无人机可能会利用混合电推进技术进行更隐蔽的垂直起降操作，比如波音极光飞行科学公司（Aurora）的雷击（Lightning-Strike）无人机，它可以在没有跑道的情况下实现垂直起降。这将避免切换限制，使无人机从一开始就可以远程操作。

无论如何，目前无人驾驶飞机操作中使用的远程和本地控制站之间的切换原则也可以应用于未来的商业航空或货运无人机。例如，如图9.8所示，使用电推进技术的城市空中客车概念飞机在出现系统需要人力协助的情况前可以自动运行。这会使这一概念有可能将所有4个座位单独用于乘客，并从先进的安全措施中受益。根据未来的情况，本地操作者和中央设施（如无线飞行控制站）之间甚至可能出现类似的功能划分。当然，这一基础设施还必须支持单个飞行员操作或大型客机的自主飞行。

图 9.8　空中客车城市客运飞机在楼顶着陆（效果图）

9.2.5　机舱操作

飞行中的另一部分操作是在驾驶舱门的另一边进行的：客舱运营。客舱运营包括乘客服务和乘客安全保证，前者是对航空公司来说非常重要的品牌体验接触点，后者从监管的角度来看更为重要。

根据客舱几何形状和飞行剖面，乘客服务流程略有不同。然而，提供稳定的服务产品是每个航空公司的首要任务之一。客户应该知道预期的服务基线水平，并通过每个机组人员的个人接触来增强这种感受。当前的流程会根据经验定期更新，并受到不断变化的客户期望的驱动。多电飞机或电动飞机不太可能在这一领域产生重大影响。

除了客舱服务外，飞行人员还需要保证乘客的安全。一架拥有不同配电系统甚至不同主电源的电动飞机可能会影响当前的飞行流程。现在的流程要求飞机和地面电源必须正确接地，以确保它们免受电气危害（静电和故障），同时使机组人员、乘客和维修人员不受伤害。由于电力系统和能源存储中存在更多危险的高压情况，随着多电飞机或电动飞机的出现，这些飞行程序必须重新考虑。

目前悬而未决的一个问题是，如何证明飞机已经有效地实现电气接地。这一问题可能会影响机组人员、乘客的安全，也会影响紧急着陆时急救人员的安全。后一种情况涉及机载电气系统特有的潜在危险因素，如触电、火灾和电池电解液溢出等风险。

电池存在的潜在的更高的爆炸风险，可能导致最长疏散时间更短。因此，必须开发出新的人员下机疏散方式。

从城市空中机动性的概念来看，紧急降落时的安全性也可能成为一个关键话题。由于大多数新概念电动飞机计划实现自动驾驶，因此经常是由没有经过培训的机组人员在紧急情况下帮助乘客离开飞机。数字信息技术可能会弥补这些任务的一部分，但为受伤或行动受限的乘客提供身体支持在技术上仍具有挑战性。

参 考 文 献

[1] Sinnett, M.,"787 No-Bleed Systems—Saving Fuel and Enhancing Operational Efficiencies," AERO Magazine Q4, 2007, published by Boeing.

[2] Boeing,"Airline Economics," 2016 Airline Planning Workshop, Airports Council International (ACI), North America, USA, 2016.

[3] https://www.volocopter.com/en/product/, accessed May 5, 2018.

[4] https://www.usnews.com/news/articles/2013/06/11/new-military-uav-may-lead-tocommercial-drone-flights, accessed May 4, 2018.

[5] https://www.uasvision.com/2011/07/15/view-inside-a-predator-ground-controlstation/,accessed May 5, 2018.

[6] https://airbus-h.assetsadobe2.com/is/image/content/dam/corporate-topics/publications/press-release/CityAirbus-01.jpg?wid=3626&fit=constrain, accessed May 4,2018.

第 10 章

电动飞机的性能与商业价值

CHAPTER TEN

·电动飞机技术基础·

如第 2 章所述，燃油消耗是飞机运营的主要成本驱动因素。为了量化其影响，了解航空公司的成本结构是研究基础。

10.1　航空公司成本构成

当航空公司运营机队时，会产生运营成本，如燃油、维护、飞行人员、飞机租赁/所有权等。此外，还必须考虑地面上承担的其他费用，例如服务和票务费用。最后，航空公司不得不为所谓的系统运营成本买单。一般来说，下面的细分分类给出了一个大致的成本部分的数量级。

（1）飞行（直接）运营成本（DOC）=50%。所有与飞机飞行业务有关的费用，包括飞行员、机组人员、燃油、维修和飞机所有权。

（2）地面运营成本 =30%。在机场车站为乘客和飞机提供服务，包括飞机降落费和预订 / 销售费用。

（3）系统运行成本 =20%。市场营销、行政管理和一般间接费用项目，包括飞行服务和地面设备所有权。

为了进行比较，图 10.1 显示了航空公司直接运营成本（DOC）的粗略划分。如图所示，燃油消耗可以占到典型航空公司直接运营成本（DOC）的 1/3 以上。简单地说，这一费用的任何可能的削减都可能有利于航空公司的盈利能力。

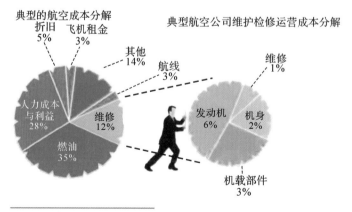

图 10.1　航空公司运营成本结构

图10.2显示了国际航空运输协会（IATA）航空业燃油成本随时间变化的数据，仅供参考。据统计分析，2017年全球燃料费用达到惊人的1 310亿美元以上。

图 10.2　世界航空业燃油成本

图10.3显示了常规飞机使用的航空燃油价格随时间的变化。实际上，航空燃油价格的变化反映了原油价格的变化。不幸的是，航空公司没有办法影响这些价格波动。

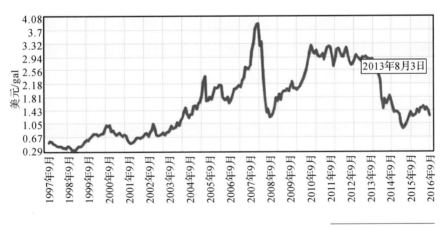

图 10.3　航空燃油成本

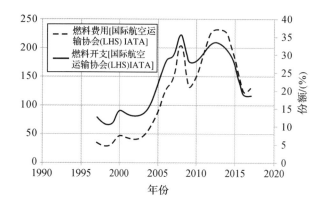

图 10.4 世界石油消费价格和份额

现在，让我们更仔细地看看燃油成本在航空公司总运营成本中所占的份额。图 10.4 显示了航空工业与燃料有关的费用如何随时间而变化。燃料费用与总业务费用之比的演变也得到了强调。

如图 10.3 和图 10.4 所示，1997-2001 年，燃油价格相对较低，约为 0.6 美元 /gal，总体燃油成本平均仅占航空公司运营成本的 12%。但在 2008 年燃油价格飙升（3.8 美元 /gal）的时候，燃油成本占航空公司总运营费用的比例最高达到了 36%。此后，在燃油价格两次下跌后，这一比例在 2016 年又恢复到了 19%。

现在，关于直接运营成本（DOC），图 10.5 可以帮助我们理解在航空公司角度下的直接成本数量级。图 10.5 使用了两个行业指标，即飞行时数和每个可用座位里程成本（CASM）。这里有必要对它们进行定义。飞行时数是飞机利用率的行业标准度量。对于给定的航班，飞行时数考虑的是从起飞时飞机舱门关闭到着陆后飞机舱门打开的时间。CASM 是一种通用的度量单位，用来比较不同航空公司的效率。它是由航空公司的运营成本除以可用座位里程（ASM）得到的。通常，座位里程越低，航空公司的利润越高，效率越高。

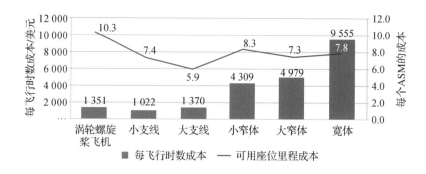

图 10.5 不同类型飞机运营商的直接运营成本

电动飞机技术基础

10.2　飞机燃油成本

显然，所操作的飞机的类型和大小与所产生的燃料费用之间有直接联系。这也适用于燃油成本与DOC的比率，其中包括燃料、维护、机组人员和飞机所有权／租赁成本。

图10.6是2013年美国大型航空客运公司的一张快照，展示了不同飞机类型的燃油成本差异。成本以每飞行时数的花费（美元）表示。

从飞机DOC中燃油所占的比例来看，飞机尺寸越大，燃油费用越昂贵，燃油成本与运营成本的比值越高。

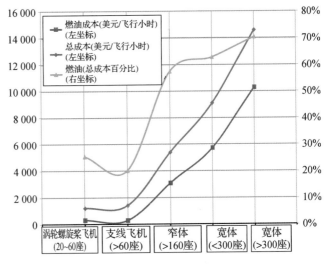

图10.6　不同飞机类型燃油成本变化

这张图显示，2013年，以宽体飞机为例，燃油比占总成本的一半以上，而此时油价却停滞在极高的水平上。

10.3　航班燃油效率

当然，航空公司的燃油成本与航空燃油价格直接相关，但航空公司对此能做的也就这么多了。其次，除了航空公司运营的实际效率外，燃油成本还与组成机队的飞机类型和使用年限固有的燃油效率有关。最后，燃油消耗受到了空域和机场效率低下的影响，比如停机坪延误和等待延误。但是，再一次，航空公司无法控制以上这些情况。

如果航空公司选择精明的对冲策略，尽量减小价格波动的风险，航空燃油价格的影响就可以减轻。更好的操作方法也有助于进一步降低燃油成本。最后，但并非最不重要的一点是，可以通过在机队中引入更新和更省油的飞机来降低燃油成本。

让我们从航空公司的角度来看看飞机燃油效率的背后是什么，以及它是如何随着时间的推移而发展的。对于一种特定类型的飞机和一组参数（有效载荷、航程、速度），燃油消耗与下列各项综合效率直接相关。

（1）推进系统；

（2）机载系统；

（3）机身结构。

如图 10.7 显示，尽管燃油价格存在波动，但商用喷气飞机部门的新飞机的引进有助于减少燃油消耗。随着发动机改进型传统飞机（如空中客车 A320neo 和波音 737 MAX/777X）投入使用，预计短期内还会有更多的燃油效率改进。

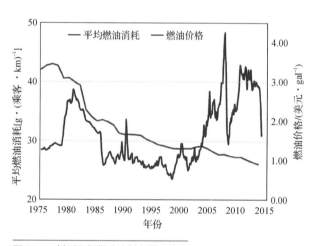

图 10.7　新型飞机燃油消耗和燃油价格

图 10.8　新型飞机结构效率和航程变化

飞机燃油效率提高的另一个优势在于航程性能的提高，也就是说，飞机无须停下来加油就能飞得更远。

图 10.8 追溯了 1975—2015 年 40 年新飞机的航程改进情况[9]。自 1988 年以来，这一范围增加了 40%，同时运行空重还在每单位飞机面积下小幅增加，约 6%。通常情况下，在一个给定的任务中，飞机的航程越长，由于质量越大，燃油效率就越低。因此，在图 10.8 所示的航程随时间增加的情况下，燃油效率提高而不是下降，正如 ICAO 在 2010 年燃油效率技术评论中所指出的那样，机身技术的进步（例如复合材料）能够抵消质量的影响。

　电动飞机技术基础

总而言之，燃油价格本身可能无法为航空业提高燃油效率提供持续、长期的动力。通过减少燃油消耗来控制碳排放，已成为另一个关键的行业驱动力。由于无法控制燃油价格的波动，又面临着苛刻的环境目标，航空航天工业的全球研究目标正集中在一系列解决方案。

简单地说，在不影响性能的前提下减少燃油、维护和其他成本是最低的期望。值得庆幸的是，目前有各种解决方案，从渐进式改进到全面重新设计飞机。未来几年，航空业将采用一种创新的方法，利用架构和技术的进步，利用汽车等其他行业的创新，削减运营成本，同时提供更环保的性能和服务。

为了推动可持续航空，引入更清洁、更安静的飞机技术，需要对性能提出苛刻的要求，即使是传统飞机上最先进的技术也难以满足。因此，重新思考飞机的整体设计，脱离传统的架构、技术和集成是不可避免的。在这种背景下，转向电动飞机变得更加重要，因为它可以带来显著的附加价值，可以带来关键的性能驱动因素，如燃油效率、碳足迹和噪声，同时提高航空公司的整体成本效益。

在这场技术竞赛中，行业参与者正带头研究如何使电动飞机成为现实，并应对航空业面临的挑战。

10.4　商　务　航　空

之前的分析表明，在不改变或（甚至更好）降低飞机重量的情况下，防结冰保护的电气化可能会带来更多好处。为了了解电气化的好处，让我们来看看一些传统系统在公务飞机上的表现，以及通过电气化及其附带条件可以挽回哪些性能损失[10]。

传统的气动防冰保护系统是由发动机产生的热引气来运行的。然而，这一过程会影响发动机的推力，对飞机的性能产生负面影响。图10.9显示了常规系统下发动机推力的下降情况。

当所有发动机都工作时，

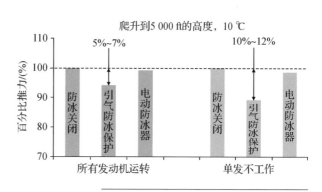

图10.9　传统防结冰保护对发动机推力的影响

打开引气开关会使推力降低 5% ～ 7%，当一个发动机失效时，则会降低 10% ～ 12%。这不仅造成推力退化时需要额外的燃料，并且在最关键的发动机运行情况下，最终限制了飞机的航程性能（见图 10.10）。

一架带有气动防冰保护的 Cessna Citation 2 类型的商业飞机，在结冰与一个发动机失效条件下，为了符合最小爬升梯度（净速率 2.5%）

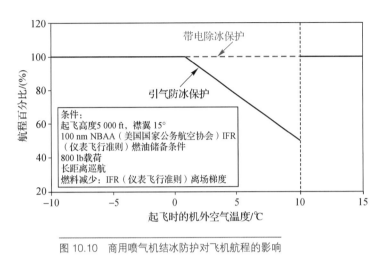

图 10.10　商用喷气机结冰防护对飞机航程的影响

的标准指示性程序，必须减少几乎一半飞行任务的燃料以降低飞机起飞重量。这将大大降低飞行航程。电防冰保护可以克服这一缺点，恢复传统系统失去的飞行航程性能，从而带来真正的好处（见图 10.10）。事实上，相比于气动或引气防冰保护，电动防冰装置导致推力下降幅度仅为前者的 1/5（推力下降幅度为 2%）。

很明显，电防冰保护的优势在于较低的推力减少，从而允许在机上有更多燃料的情况下爬升。因此，在结冰条件下，与引气系统相比，电动防除冰系统可以使公务机的使用范围扩大一倍。

现在，让我们考虑另一个气动系统：环境控制系统（ECS）。在公务飞机上，与基准飞机的气动系统相比，尽管电动系统从发动机中获得的动力更少，但对推力的积极影响仍然很小。这表明，与防冰保护系统相比，电动 ECS 最大的节能机会可能不在于系统消耗的能量，而在于通过缩小尺寸或消除引气组件来减轻质量。降低生命周期成本是电气化可以增加价值的另一个领域，这在一定程度上归功于它可以节省库存和维护费用。

在这些例子的基础上，当从传统的非电力系统过渡到电气化版本时，显著的性能提升只能来自电气架构中的系统质量减轻。

飞机的质量减轻使其可以携带更多的燃料，因而可以延长飞行距离。例如，对

　　　　　　　　　　　　　　　　　　电动飞机技术基础

于 Cessna Citation Jet 2 的 3 座飞机，100 lb 的系统减重可以让飞机多飞近 60 n mile。

同样有趣的是，通过将系统质量增加转化为按比例缩小的（机翼、尾翼和发动机）重新设计，以获得一架更省油的飞机，从而减少燃油消耗。换句话说，由于飞机现在的有效载荷减少了 100 lb，起飞推力要求更低，这可以转化为更小的尾翼结构，等等。在这种方法中，同样的系统减重 100 lb，可以帮助缩小尺寸的 Citation Jet 2 设计减少 300 lb 的最大起飞重量，因此在 1 700 n mile 的飞行中可以减少约 1.6% 的燃油负载。

但是，要降低电气化系统的质量并不是一件容易的事情，因为目前正在进行的研究尚未达到减重的目标。正如在第 2 章中所解释的那样，在这种类型的飞机上，即使电动部分大幅增加，系统的整体发动机功率消耗也可能大幅减少。如果不改进最先进的电子元件，飞机的总质量就会增加，抵消了电气化带来的所有好处。增加的质量会导致燃料消耗损失或减少飞机的航程。

顺便说一句，任何系统级的质量增加都会在飞机总体被放大。事实上，携带额外的系统质量会减小更多的燃料负荷和体积。这反过来又需要额外的燃料、燃料储备和空间，相当于整体质量的放大增加。因此，燃料消耗也以同样的方式被放大。这种放大化效应称为"螺旋效应"或"滚雪球效应"。

减重背后的障碍是巨大的。让我们考虑一种更大、航程更长的传统公务飞机，如达索航空公司制造的猎鹰 2000 飞机 [11]。参考文献 [11] 中的分析使用了放大的飞机系统，没有考虑质量优化的发动机和机载系统。图 10.11 和 10.12 对比了传统的猎鹰 2000 与部分电动和全电动的版本：部分

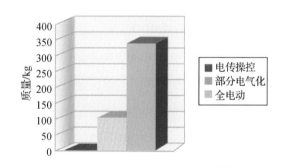

图 10.11　系统质量

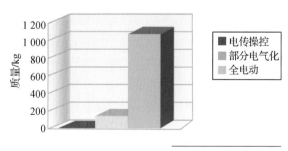

图 10.12　最大起飞重量

电气化，即只有液压系统转换为电动系统；全电动，即所有系统全部电气化。从图 10.11 中可以看出，全电飞机的系统增重总量在 300 kg 以上，在飞机层面，由于滚雪球效应，系统增重总量在 1 t 以上（见图 10.12）。

这些质量代偿会降低燃油效率，也会影响续航性能。

在部分电气化的情况下，尽管抑制液压系统降低了系统动力传递所需的燃油消耗，但所获得的效益仍不足以抵消电力更换导致的质量增加而带来的过度消耗。

在给定的"发动机循环"下，全电动版本并不会带来效率的提高，因此，与传统的基线方法相比，它的燃油消耗会大幅增加。

即使在部分电气化的情况下（液压系统是电动的），仍能够拥有更好的燃油效率和更好系统成本，而只有很小的航程损失，燃油节省的收益被额外的系统质量增加所抵消。

基于上述对猎鹰 2000 的分析，电气化过程中由于质量增加而产生的燃料成本损失可能会因滚雪球效应而加剧，最终影响电气化的预期性能和成本效益。

这一观点表明，无论是渐进式还是完全重新设计，在从传统飞机过渡到电动版本时，功率密集和燃油效率高的解决方案的研究都是非常重要的。为了使电动公务飞机具有竞争力，功率重量比必须大幅提高。

在坚持传统的固定翼飞机和涡轮风扇发动机设计时，几家公务飞机的制造商提出的前进道路是开发更新、更高效的发动机和系统，并实施经过深思熟虑的整合策略。例如，可以通过将发电机嵌入发动机核心或将发电机封装到驱动发电机的齿轮箱中来解决大型电力消耗的发动机集成问题。另一种方法是在发动机和安装在发动机上的发电机之间共享油冷却功能。

其他策略可能包括寻找传统的发动机电力来源的替代品。为此，采用燃油效率高、功率密度大的发动机可以减轻发动机的负担，同时带来燃油消耗的规模经济，并有助于解决重量惩罚问题。当对辅助动力单元（APU）进行改造后，辅助动力单元可以胜任这项工作，并使飞机从更好的燃油效率和功率重量比中获益。

关于电力网络架构，28 V 直流电或 115 V 交流电网络广泛应用在许多传统的商务飞机电源系统。如果进行全面的系统电气化设计，传统的电网应该转变为高压直流电网。事实上，使用高压直流系统时，电缆传输和各种用电设备使用的电流水平更低，因此，通过减小机载电缆的尺寸来减轻质量是可能的。此外，高压集中产生并分配到下级最终用电设备的方法，减轻了这些子系统需要在本地构建自己的高压直流母线的负担。最后，在技术加速发展后，高压直流电网络的发电系统比传统网络更具有质量优化的好处。

最近一项关于商务飞机的研究表明[12]，由于高速起动发电机和功率密集的电力变换设备，传统的电力网络可以切换到更轻的 270 V 直流网络。在此基础上，气动系统的电气化有助于节约超过 100 kg 的质量。正如前面所解释的，这可以转化为航程提高或节省燃料成本。

正如第 2 章中所述，让我们回忆一下，在电动飞机上，用于动力转换和电机控制的电力电子器件占了总质量的很大一部分。在电气化的过程中，存在着专用于各个系统的电机控制器。不幸的是，这增加了飞机承载的死重，因为在一些飞行的非运行时间内这些控制器不必工作。

从逻辑上讲，多功能电机控制器可能是减少非工作时间的"万能解药"，在飞行过程中，当这些系统按顺序运行时，这样的控制器可以从一个系统切换到另一个系统，但它们的覆盖范围通常仅限于两个专用应用程序。

进一步采用这种方法，通过使用标准化的电力电子模块对多个系统进行寻址，可以大大减小死区时间和死重，如第 2 章所述。这种模块化控制模式，除了所带来的多功能性之外，还有助于消除不必要的边际条件，这些必须内置到专用的独立或多用途电机控制器中。

10.5　短程飞机

与前面对猎鹰 2000 公务飞机[11]进行的分析类似，现在让我们考虑另一项对短程飞机进行的研究[13]。

本次对比研究的基准飞机是一架传统的 165 座、近程（3 500 n mile）双喷气客机，其设计以 A320 为基准，但技术来自不久以前的项目，如 A318、A380 和 A350 飞机等。在这种飞机中，气动系统是主要应用的子系统，而液压系统的使用则有限。

该研究将基准版与多电版本进行了比较，后者取消了气动系统，并在减少液压动力使用的同时保留了相应的发动机技术。这两个版本的涡轮风扇发动机技术和性

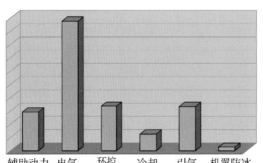

图 10.13 系统质量分解（传统飞机）

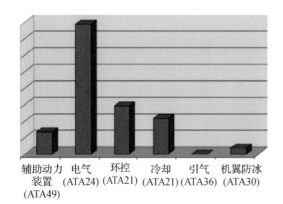

图 10.14 系统质量分解（多电飞机）

能保持不变。"多电"系统的优势也在飞机层面被评估，即从使用维护和基于燃油消耗的环境影响角度出发。

基准飞机上分析的系统质量分解如图10.13所示。这可以与图10.14中显示的多电版本权重图进行比较。简而言之，除了气动系统的引气部分外，多电飞机的质量普遍增加。

系统的质量评估结果表明，多电短程飞机比参考型短程飞机更重。如图10.15所示，当通过系统电气化的方式切换到多电飞机时，几个系统所获得的减重好处被其余系统所遇到的重量惩罚"超过"。如图10.15所示，重量收益的较大惩罚可归因于电气化的以下后果、影响因素和关键影响因素：

（1）按比例增大机上电力需求：发电/配电技术和功率密度。

（2）取代传统系统：结冰保护、ECS技术和功率密度，以及额外的冷却技术及其功率密度。

（3）集成化电气系统：与上述因素有关的与质量和体积有关的机体额外影响。

让我们从阻力的角度来关注电气化如何影响飞机性能。在参考飞机上，由于发动机排气系统的存在，发动机保证了ECS运行所需的新鲜空气供应。相反，同样的发动机如果安装在多电飞机上，则无法提供ECS所需的空气，因为在电气化过程中，引气系统被移除。因此，替代的空气供应必须从飞机外部获得，这需要实现以下设计特点：

（1）客舱空气再循环：采用进气开孔从飞机外部供应新鲜客舱空气。

　　　　　　　　　　　　　　电动飞机技术基础

（2）电气环控系统和冷却系统：从飞机外部引入冲压空气。

因此，与参考飞机相比，这些额外的实现手段会在多电飞机上产生阻力惩罚。然而，研究可能的缓解手段可以帮助减轻这一不足。参考文献 [13] 中的燃料燃烧比较是基于 500 n mile 的任务。与参考飞机相比，多电飞机

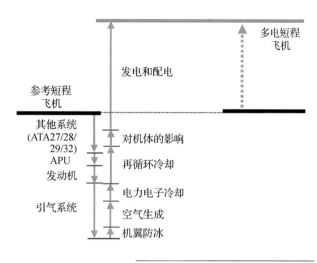

图 10.15 飞机质量比较（多电/传统）

降低了发动机特定的燃油消耗。这是由于排气组件的移除带来了发动机效率的提升。

基于此分析，在进一步计算后，参考文献 [13] 的研究中，尽管多电飞机存在重量劣势，但得出的结论是，短程参考飞机与多电飞机在燃油燃烧方面并无太大差异。

除了燃料燃烧评估外，该研究还评估了 APU、电动、引气、环控和冷却系统周边系统的直接维护成本（DMC）。

结果显示，DMC 略有下降，但这更有利于短距离多电飞机。

这项研究完成后，航空航天行业利用最新的突破，开发并测试了一整套技术，只要达到了所需的技术成熟度水平，这些技术就可以很容易地集成到多电飞机上。尽管系统的质量和集成仍然是一个突出的挑战，但概念性设计研究得出的结论是，多电技术可以在维护、操作灵活性和技术增长潜力方面为飞机总体带来好处，至少不需要消耗任何燃料。更大的优点是，电力系统的简化和质量的节省可能会使得潜在的燃油效率提高。此外，由于多电技术比传统的解决方案对环境更友好，它们似乎是未来航空航天工业可持续增长的关键推动者。但是，由于其较小的尺寸，这种短程电动飞机所面临的质量和集成风险比远程电动飞机要大得多。

总而言之，与多电技术版本相比，传统的金属窄体飞机在质量方面领先，而在燃油效率方面，两款飞机不相上下，所以多电技术版本的减重可以通过降低燃料成本使其更具竞争力。因此，对功率密集解决方案的持续研究成了人们关注的焦点。

正在进行的全球性研究目标不仅是减轻最初研究中发现的系统重量惩罚，而且还解决了与传统系统相比的质量减少问题。

为了给多电飞机技术提供更多的优势，人们可能会考虑使用更轻的复合材料机身。但是，请记住，为了使这样的机身与系统电气化的结果相兼容，必须进行重大的技术修正，例如考虑缺失的功能，如噪声屏障和防雷电保护，这些都是金属机身能免费提供的。飞机的尺寸再次影响了机身复合材料所能提供的优化水平。

当行业供应商争相推出功率密度更大的多电系统时，飞机制造商却采取了另一种方法，即研究对现有飞机进行快速渐进改变的潜力。为了实现逐步减少燃料消耗，他们继续与系统供应商合作，也转向发动机制造商，让他们也承担责任。

事实上，当航空业在等待新型技术在系统方面的崛起时，发动机制造商却投入巨资进行研究，以大幅提高涡轮风扇发动机的燃油效率。最终，发动机制造商提供了在外形、安装和功能上都与传统发动机非常接近的节能涡轮风扇发动机替代品。在另一个层面上，一些系统和结构领域的技术改进可以获得额外的效率收益。

这种重新设计发动机的方式也变得引人注目。飞机制造商考虑市场需求，在现有的平台上进行渐进式的发动机更新开发，与成熟的飞机开发相比，降低了风险和成本，缩短了上市时间。这种针对传统短程飞机平台的发动机改造方案，尽管价格较高，但在燃油价格下跌的压力下，很容易得到航空公司的支持。此外，通过这种方式，航空公司将继续受益于新发动机飞机所有其他部件的成熟服务，当然发动机本身除外。

在这种新开发的涡轮风扇发动机中，仍然包含了引气系统，由于发动机重新设计中采用了跨行业技术和材料，燃油效率有了巨大的提高，这是基于以下两种性能相当的竞争性结构：

（1）法国赛峰国际的 LEAP 发动机采用传统的涡轮风扇结构；

（2）普惠公司的颠覆性涡轮风扇发动机 PurePower 采用"齿轮传动涡轮风扇"发动机。

这两项技术发展已经转化为航空公司可以购买的"随时可用"的发动机。作为为飞机制造商迄今为止提供的发动机替代品，它们能在飞机层面大幅降低燃油消耗。图10.16 显示了与最初的飞机相比，在新发动机的版本上，不同的燃油效率是如何提高的。

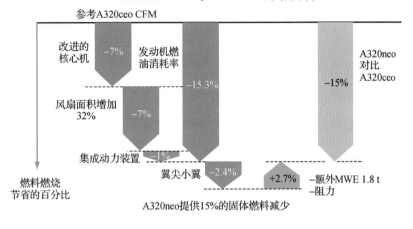

图 10.16　飞机燃油消耗（新设计 / 传统发动机）

总而言之，简单地为这架短程飞机重新安装发动机，就能大幅减少 15% 的燃油消耗。

传统的涡轮风扇发动机在发动机改造战略中进行了技术革新，燃油效率方面的情况有利于传统短程飞机的发动机改造版本。从逻辑上讲，这就对其电动版参考飞机背后的性能假设（主要是燃油效率）提出了质疑。

与多电飞机无关，新发动机的出现几乎挑战了窄体电动飞机的发展，因为它提高了参考飞机的标准，而多电飞机必须与之竞争。

将新推出的发动机性能与传统飞机结构相结合作为基准，将会扩大燃油消耗的差距，而更电动的飞机必须首先弥补这一差距，然后才能提供自身的额外优势。

因此，从时间和技术的角度来看，使用多电短程飞机变得更加困难。这就是为什么飞机系统研究能够提供的动力 - 重量比和效率的提高越来越依赖于多电短程飞机的主要原因。

与此同时，在传统短程飞机的更电动和新发动机版本的替代方案的研究中，"开箱即用"的方法已经全面展开。观察其背后的趋势，无论是电力密集的电力系统还是电力推进，无论是混合电力还是全电力，都将成为下一个电动飞机设计范式转变的主流。

如前所述，混合电推进将需要机载可充电的能量存储设备，如电池组等。全球的跨越式研究进展正在加速电池的体积重量大规模收缩，同时使其达到电动飞机设计所要求的能量密度。与此同时，使用小型传统涡轮发动机，配合一定程度的电力推进，实现"最佳效率点"匹配研究，这就产生了混合电力推进的概念，可以将其与汽车行业中已经普遍使用的混合动力汽车动力系统进行类比。

Isikveren 在参考文献 [15] 中提供了一种具有先进电气系统的未来中型 180 座参考飞机和使用 1 500（W·h）/kg 电池的混合电动版本的性能比较。这意味着比特斯拉电动汽车最新的电池技术增加了 10 倍的能量。在 1 100 n mile 范围内获得的结果表明，采用混合电推进系统，在 50% 的巡航中利用电能，理论上与配备涡轮发动机的参考飞机相比，可以减少 20% 的燃料燃烧。

Hornung 在参考文献 [16] 中分析了使用 2 000（W·h）/kg 电池的混合电力推进技术，该技术应用在一架参考的 189 名乘客的短程飞机上，该飞机采用了自动微调非平面 C 形翼（见图 10.17）。

此外，飞机系统也是全电动的，完全由电池供电。储存在货运集装箱中的电池在飞机转场期间不需要充电。因为在此期间，已用过的电池组件可以简单地替换为预充电的电池组。电推进系统包括大型高温超导电机，以及集成的低温冷却器和用于电机控制的高压电力电子设备。在系统设计方面，高压直流电力系统是通过电力电子变换器给用电负荷供电时所采用的电网标准。

图 10.17　C 形机翼混合电推进飞机

在 900 n mile 的范围内，图 10.18 显示了这种飞机的性能取决于推进电气化的程度（或比例）。"1"的比例代表全电力推进；"0"的比例适用于最新的无引气涡扇发动机；任何介于两者之间的值都属于混合电力操作，即使用燃料能量又使用电池能量。

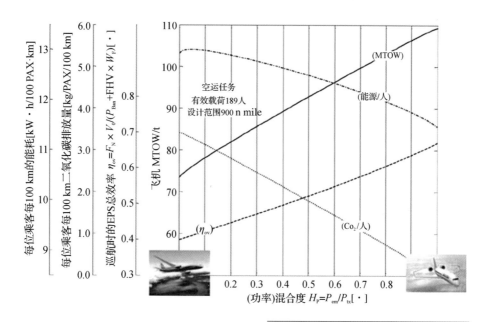

图 10.18　混合电推进飞机电气化程度与性能

因为全电飞机不使用航空燃料，所以它的运行是零排放的。当电气化率设置为 50% 时，虽然飞机质量增加了约 25%，但效率也提高了约 30%。质量的增加主要是由于以下因素：

（1）电池系统，尽管具有挑战性的能量密度假设为 2 000（W·h）/kg。

（2）机翼重新设计，以保持机翼负载恒定。事实上，机翼结构的质量增加了，以补偿更低的机翼弯曲力矩，减少燃料量。

（3）任务期间燃料量减少。

然而，在参考文献 [17] 的另一项研究中，仍然坚持传统的"管翼状"飞机形状，显示了一种"三风扇"推进构型，包括两个机翼下的吊舱式涡轮发动机（GT）和一个在机尾安装的由电池驱动的串联配置推进电机（M），对于 180 座的混合动力飞机来说，这是一个合适的选择（见图 10.19）。

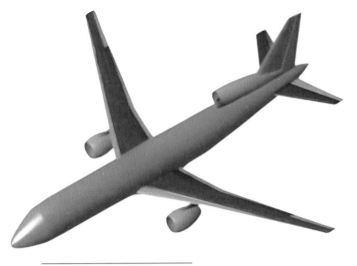

该研究得出的结论是，虽然采用高温超导电机可以为飞机减轻 2%～4% 的质量，但普通电机被认为是一个实用的选择。在后一种情况下，"三扇"构型的推进电机必须为一架 180 座客机提供 8.5 MW 的

图 10.19　管翼状混合电推进飞机

轴功率。用于性能比较的基线参考飞机是 2000 年服役的 A320-200 飞机，具有逐步演变的技术：先进的超高涵道比（约为 20）齿轮传动涡轮风扇发动机、全电动系统、高机翼宽展比（约为 12%）、减少零升阻力和先进的结构材料。与 A320-200 相比，它的整体燃油减少了 39%，与参考机型相比，证明了其拥有很高的优越性能。

图 10.20 显示，在 1 100 n mile 范围内，为了使混合动力飞机比参考飞机减少 15% 的全程燃油消耗，需要能量密度为 940（W·h）/kg 的电池组。同样，当电池能量密度分别为 920、1 100、1 290（W·h）/kg 时，在 900、1 100、1 300 n mile 范围内，可以减少 20% 的飞行全程燃油消耗。

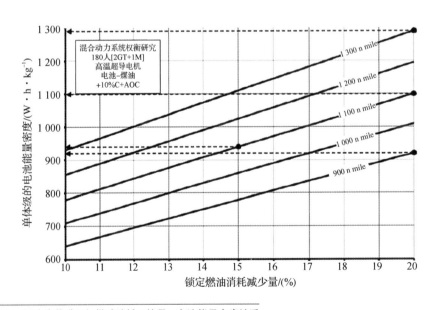

图 10.20　混合电推进飞机燃油消耗、航程、电池能量密度关系

让我们考虑运营成本，不包括与拥有成本相关的某些成本（折旧、利息和保险），包括额外的噪声和排放的相关费用。从运行成本来看，混合动力飞机比参考飞机贵约10%。关于能源成本，即燃料和电力，它们上涨了约6%。这些数字是用3.30美元/g的价格估计的航空煤油，电池充电所需电力为0.110 9美元/（kW·h）。敏感度分析中考虑的燃料价格波动表明，与参考体系结构相比，2美元/g时，运行成本上升了4%～5%，而6美元/g时，同样的成本降低了5%～7%。考虑到这些成本差异，通过进一步优化，实现成本中性的情况被认为是现实的。对于一个1 100 n mile的飞行任务，使用940（W·h）/kg的电池进行混合巡航，参考飞机和混合电动飞机的运行成本细分如图10.21所示[17]。

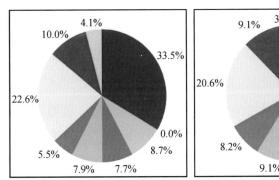
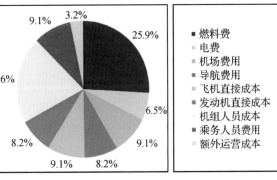

图 10.21　传统飞机与混合电推进飞机运行成本划分

现在，在一架搭载CFM56发动机（而不是LEAP-1B发动机）的基线波音737型飞机的基础上，参考文献[18]研究设计了一种名为SUGAR High的参考飞机设计，它仅使用燃料。从结构设计角度来看，参考设计包含了基于大跨度桁架支撑管和机翼形态的各种改进技术，允许实现飞机高升阻比。参考飞机的发动机采用了先进发动机技术，即从基准CFM56发动机到最新的可选短程飞机发动机。该研究进一步探索了SUGAR High参考飞机在使用750（W·h）/kg电池的情况下的混合电推进技术潜力，最终推出了名为SUGAR Volt的混合电动飞机版本（见图10.22）。

图 10.22　大跨度桁架支撑下的管翼状混合电推进飞机

从参考文献 [18] 中获得的 900 n mile 飞行任务的结果表明，首先，与基准 737 飞机相比，未来的参考飞机本身可实现高达 54% 的燃油降低量（见图 10.23）。其次，与基准发动机相比，混合动力发动机的燃油消耗量降低了 14%，而实际上，与传统的基线 – 涡轮风扇发动机（不包括 737 MAX 或 A320neo 上的最新进展）相比，该发动机的燃油消耗量降低了 60%。图 10.23 展示了这些结论，一方面，与未来的全燃料基准 737（SUGAR High）进行了比较，另一方面，与混合动力的变体飞机进行了比较。后者涉及两种不同的电机尺寸（1 380 hp 和 1 750 hp），在整个飞行任务期间，两者都用于混合系统的平衡运行。

对于混合动力设计来说，重要的是要考虑燃油的减少，但也要考虑飞机总能源使用的减少，以便考虑飞行前在地面给电池充电时所消耗的能量。通过这种方式，检查每种能源的成本，航空公司可以做出明智的选择。为了实现节能减排，我们必须考虑飞行时燃烧的燃油消耗，还要更深入地考虑制造动力电池和为动力电池充电的电力生产过程中所产生的碳排放。

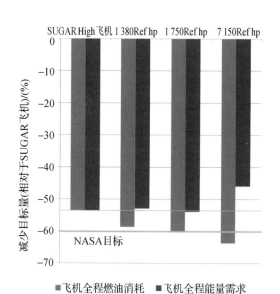

图 10.23　混合电推进飞机与参考飞机、波音 737 性能比较

10.6 远程飞机

如前所述，新发动机的短程版本已经投入使用。对于传统的远程飞机，在结构和系统上进行较小改动的发动机研究也在进行中。

但是，与短程飞机电气化技术相比，远程飞机情况就大不相同了。事实上，在通向高功率密度系统解决方案和重新设计发动机的战略竞争道路之前，通过波音787和空客A350远程飞机的研发，纯粹的多电技术版本已经成功推向市场。这些程序也得益于更高效的发动机技术开发，特别是波音787飞机，提供了一个无引气发动机的版本，以配合实现大规模的系统电气化。

在波音787飞机上，无引气的发动机系统架构使燃油燃烧消耗减少了3%左右。无引气发动机结构允许减少约15%的特定燃料消耗。由于减轻了质量和降低了维护费用，系统结构上的改变为它们带来了一定的效率收益。事实上，飞机复合结构的大量使用有助于在飞机层面发挥这些优势，同时也弥补了系统电气化所造成的质量损失。

从本质上说，基于多电技术的波音787的规模经济收益只能通过系统电气化、"无引气"发动机和复合机身结构的平衡组合来实现。

在追求多电飞机的飞行效率时，短距离和远程飞机的相对约束有所不同，远程飞机很大程度上得益于其更大的尺寸、更长的航程和更大排量的发动机：

（1）更大的尺寸有利于大规模电气化的集成和热管理技术发展。

（2）更长的飞行周期允许更好的燃料消耗优化技术发展。

（3）较大排量的发动机相比于较小排量的发动机更省油。

另外，如果在飞机结构方面不依靠复合材料，这些好处和收益可能不会实现。

总而言之，像波音787这样的远程复合材料多电飞机，采用"无引气"发动机系统架构和涡扇发动机技术，航空公司预期燃油消耗可能会减少15%～20%，具体取决于飞行距离。由于复合结构及其监测功能，基本检查维修成本降低，以及其他因素，至少可以降低15%的维护成本。所有这些都使波音787的运营成本比类似的传统飞机有20%的优势。

有了这种新型的多电远程飞机，航空公司希望借此机会减少燃料和维护部分的运营成本。但是，对于一个给定的旅行航线，总旅行成本还必须考虑飞机融资费用。

然而，航空公司经常发现，飞机融资费用可能会使它们的总单位成本高于它们正在更换的旧飞机。得益于新型碳纤维技术，复合材料飞机的寿命有望翻倍，因此其融资期限和租赁费率可能低于传统飞机。幸运的是，新购买的飞机在运营的最初几年可以享受维修成本抵消，这得益于制造商的保修帮助降低了航空公司的运营成本。总而言之，当使用多电飞机来取代老旧的传统飞机时，融资成本负担可以通过现金运营成本的大幅降低来减轻[10]。

图 10.24 所示的成本性能估计证实了多电化的波音 787 在远程领域相对于其他传统波音飞机的竞争优势。这一对比是基于 4 000 n mile 的飞行，比如横渡大西洋的巴黎—纽约之旅，燃料成本为 2 美元 /gal。

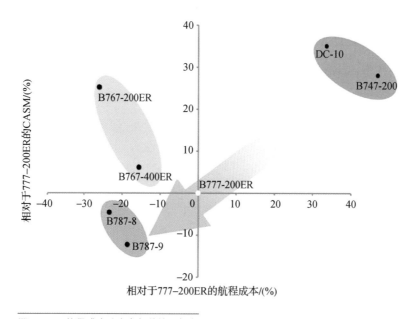

图 10.24　航程成本（多电与传统飞机）

从运行的角度来看，这份对波音飞机的分析报告显示，多电化的 B787-8 与传统的 B767-200ER 相比，每座位英里单位成本（CASM）大幅降低 24%，而飞行成本仅仅提高了 3.3%。同样，当将较大的 B787-9 和传统的 B767-400ER 进行比较时，CASM 下降了 17%，飞行成本下降了 4%。顺便说一句，有了 B787，航空公司不仅可以从运营节省中获益，而且有可能提供 B767 航程不具备的新航线，以及 B777 的航程被认为太远的地方。这种超长航程的例子很有说服力，跨大西洋飞行（如伦敦—

　　电动飞机技术基础

旧金山或欧洲—南美）、跨太平洋或欧洲—亚太飞行，平均航程为 5 500 n mile。

因此，很明显，远程多电飞机为航空公司提供了一种与现有飞机相比，具有显著改进的 CASM 的飞机，从而为运营经济树立了一个新的标准。此外，由于它的超远程能力，它提供了一个额外的机会来改造它们的长途网络。

多电飞机波音 787-8 自 2011 年开始服役，截至 2013 年的航空公司运营数据[7]显示，该飞机每座位每英里的直接运营成本为 7.2 美分。这几乎比整个远程飞机部分的平均每单位成本 7.8 美分低了 8%。

在设计多电飞机，一直到进入长期市场服役的过程中，改进的系统架构、更高效的发动机（不受系统限制），以及复合材料机身，已经成为最新的关键因素。根据飞机的不同，当将传统的能源系统转换到电力领域时，性能可能会受到影响，如上图所示，在没有设计解决方案的情况下，电气化引起的质量问题会削弱性能。

大型飞机的规模经济可能会随着飞机尺寸的减小而减弱。多电的短程飞机或公务飞机需要更严格的优化，在技术集成方面的要求也更高。尽管高功率密度系统的研究正如火如荼地进行，以满足这些期望，但发动机制造商已经能够大幅提高涡轮发动机的性能。这使得现有的飞机可以在更短的上市时间内以更低的开发成本重新安装发动机，从而降低燃料成本对运营经济的影响。

然而，重新设计发动机的不确定因素可能已经达到了极限。任何进一步大幅提高涡轮发动机燃油效率的尝试都可能被证明是失败的，因为它们所有的潜力和利润可能已经被榨干。

因此，飞机和发动机制造商可能已经耗尽了现有飞机平台上可行的增量优化机会。尽管运营成本和碳排放的减少确实使得传统飞机和发动机更加高效，但它们仍然伴随着噪声和温室气体排放。航空业对于业务增长、竞争力和环境友好的共识，是建立在使用航空燃料替代品的不同飞机设计前景的基础上的。这一长期方案同时瞄准了运营成本的大幅削减，这不仅是因为燃油效率，还因为飞机的拥有成本，以及飞机设计和运营对环境的影响。

考虑到使用航空燃料的涡轮发动机的性能上限，研究人员正在加大对电动推进模式的投入，通过彻底摆脱对燃料的依赖，在能源效率和排放方面开辟新的天地。这为创新配置开辟了新的途径，使能量在飞机周围有利地传输，以实现空气动力学优势，降低操作成本，并开辟了使用其他地面动力来源的途径。

这需要用一种可替代的电力能源或飞机上的储能设备来替代燃料。如果只进行部分替换，我们最终会拥有一种混合电动飞机，由混合电力发动机提供动力，同时使用燃料和电力能源。有一种直接的并行方法可以与给汽车工业带来革命的混合动力汽车（HEV）相结合。在这种情况下，原始的燃料推进负载被分成两部分，一个是缩小的燃料部分，另一个是由电池组成的部分。混合动力发动机可以设计成小型涡轮发动机与高效电动机串联工作。与多电飞机类似，电动和混合电动飞机系统也有电气化版本。

值得注意的是，尽管电动机比涡轮风扇发动机效率更高，但飞机系统还必须考虑到飞机上的能源存储方式：通常是燃油或是电池。与系统电气化中的功率重量比相似，重量能量密度[（W·h）/kg]和体积能量密度[（W·h）/L]通常分别被称为"质量比能"和"体积比能"，是电动或混合电动飞机储能的关键特征。不幸的是，即使是当今最先进电池存储系统的这些参数指标也远低于航空煤油：体积比是煤油的1/18，质量比是煤油的1/60。这一核心问题往往会限制电池为系统和发动机提供动力的参与程度。

先前在小型飞机上提出的空间和体积问题可能会阻碍电池的使用。然而，只要飞机的集成空间不受限制，较低的体积比可能不是那么重要。否则，飞机将需要更大的机翼、机身或额外的外部"能量舱"，这将导致由于更大机体潮湿表面而损失整体的飞机效率。比如出现在特斯拉电动汽车中将电池和其他存储系统与结构元素紧密结合的想法也出现在航空航天领域。

总而言之，电推进技术可以帮助提升飞机的整体性能，前提是替代燃料的电池能量密度能够满足这一挑战。因此，在飞机设计层面上，使用喷气燃料的涡轮发动机的效率，虽然具有高度竞争性的能量密度指标，但可能会被新型混合电或电推进结构所超越，这种结构将由新一代电池提供动力，其能量密度将显著增加。

10.7　支线飞机

支线飞机的动力来源要么是涡轮风扇发动机，要么是更省油的涡轮螺旋桨发动机。让我们看看电池供电的电推进系统如何与后一种依赖燃料的涡轮发动机相抗衡。

Dornier 328 是一架配备涡轮螺旋桨发动机的支线飞机，可搭载 32 名乘客飞行 1 200 km。在这样的飞机上，如果简单地用基准电池技术［180（W·h）/kg］替代燃料，并将发动机转换为电动机，在同样的有效载荷下，续航能力将骤降至 202 km[22]。但是，如果将电池的能量密度提高到 720 kW/kg，续航能力将提高到 800 km，但仍低于 1 200 km 的常规飞行能力。

图 10.25 描述了两种传统飞机（Dornier 328TP）的有效载荷变化如何根据电池的特定能量影响航程性能。它的电动版本（Dornier 328E），采用了嵌入式电池和电力推进技术，取代了燃料和涡桨发动机。

由于煤油的能量密度相对较高，从图 10.25 可以得出，从距离性能来看，用有效载荷更换燃料比用有效载荷更换电池更有利，有效载荷范围梯度取决于电池的能量密度大小。

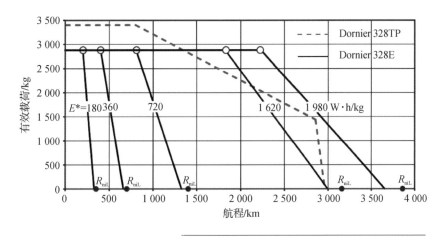

图 10.25　支线飞机性能（电动技术与传统推进技术）

因此，如果不进行飞机气动结构改造，电池驱动的飞机的灵活性可能会更低。然而，当使用能量密度超过 1 500（W·h）/kg 的电池时，可以达到与基线飞机相当的有效载荷范围能力。这使得在大型飞机上使用电力推进时对电池性能的要求非常高。为了给大型飞机提供动力，需要极大地改进电池技术。因此，大型电动飞机的成功取决于电池技术较高水平的能量密度，而目前的研究尚未达到这一水平。为了吸引更大（支线）飞机的商业兴趣，基于当前电池技术的能量密度在 150～200（W·h）/kg 范围内，要求必须增加10倍以上。

然而，实际上，目前电池技术的具体能量水平是这样的，以电力推进为动力的飞机如今在尺寸上被限制为最多可搭载两名乘客的小型通航飞机，飞行距离相当短，续航能力有限。如果不考虑成本，目前的电池技术只适合小型和超轻型飞机，还不适合大型商用航空领域。

10.8 通航飞机

与之前讨论的飞机领域一样，通用航空的电气化动力系统再次受到技术和成本性能提升的推动。通过变革性的飞机技术和空域运营来减少碳排放是行业目标之一，同时也要缓解特定通用航空的问题，例如其事故率远高于其他类型飞机和公路运输工具。

与涡轮发动机相比，电力推进的效率提高了3倍，而与通用航空常用的活塞式发动机相比，能源效率最高可提高4%。顺便提一下，在超过一半的运行速度范围内，电力推进的效率是很高的。此外，由于电动马达的功率密度是活塞式发动机的6倍，电力推进可以将功率重量比大大提高500%以上。所有这些加起来，可以降低能源消耗和产生的成本。通用航空的电力推进系统，由于乘客数量少、体积小、航程短，有助于降低高达10%的成本。

电力推进技术，无论是混合电力还是全电力推进技术，将实现更低的社区噪声。由于发动机对空气进气的依赖要求减轻了，或者完全取消空气进气，因此推进系统的温室气体的排放减少了，或者更好的情况是减少到零。此外，通用航空的操作缺陷，如与飞行高度或炎热天气条件下空气进气问题直接相关的电力中断，也可以通过电推进技术来规避。

更少的电推进运动部件提供了更可靠的设计。此外，电力推进固有的一体化优势使得紧凑的飞机尺寸适用于所有飞机领域，包括通用航空领域的小尺寸。除此之外，当分布式电力推进系统（DEP）实现时，额外的集成优势使空气动力学、推进、控制、声学和结构之间的协同紧密耦合。

传统的通用航空飞机只有在低速巡航时才具有空气动力学效率，因为机翼尺寸过大是满足失速和机场长度限制的必要条件。不幸的是，这损害了飞机的升阻比。

电动飞机技术基础

当转换为电动飞机时，机翼小型化与分布式电力推进结合提供更好的机翼负载、更有弹性的空气动力学、更低的阻力和更高的升力，因此，可以在巡航时提高速度（见图 10.26）[23]。

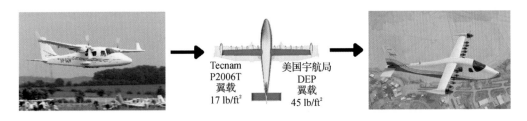

图 10.26　传统通航飞机被重新设计为分布式电动飞机

综上所述，随着定制认证和标准化程序的出台，电动飞机在通用航空领域的应用可能在不久的将来成为现实。目前正在进行的项目研究目标是设计可分别搭载 4～9 名乘客和 1 或 1 名以上乘客的常规起降（CTOL）和垂直起降（VTOL）类型的飞机，暂定于 2025 年投入使用。

虽然飞机的飞行距离性能与速度无关，但迄今为止，许多通用航空飞行示范只集中在低速飞行上。然而，目前研究的重点是高速电动飞机的概念验证，为电动飞机设计的向上扩展铺平了道路。因此，通用航空电动飞机将成为飞机规模化设计的基石，未来将出现更大型的电动飞机平台（见图 10.27）[23]。

CTOL 电动飞机的服役时间表暂定如下：

（1）2020 年：通用航空。

（2）2025 年：通勤者（约 9 名乘客）。

（3）2030 年：支线航班。

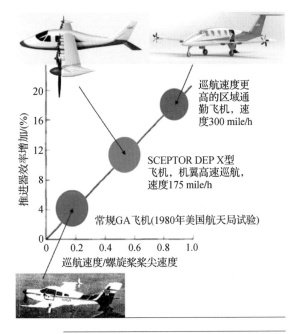

图 10.27　常规起降电动飞机的向上扩展设计能力

（4）2035 年：大型干线航空。

分布式电推进技术应用于垂直飞行可以显著改善关键性能特征，从而为包括未来自主航空旅行在内的机动性解决方案提供有吸引力的价值主张（见图 10.28）。就像 CTOL 一样，垂直起降飞机的运营边际成本很低，能源成本降低了 90% 以上，维护成本降低了一半以上。由于高利用率（＞1 500 h/ 年），速度提高了一半以上，从而缩短了旅行时间，提高了机队运营水平的经济产出率。

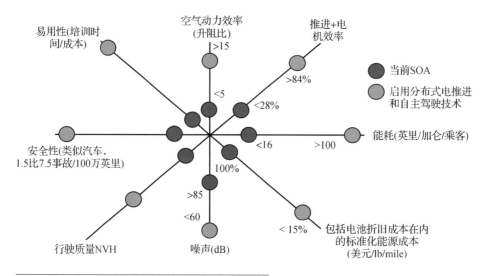

图 10.28　分布式电动垂直起降飞机与传统飞机性能比较

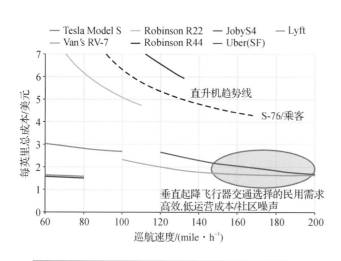

图 10.29　飞机的每英里总运行成本随巡航速度变化曲线

图 10.29 比较了应用于垂直飞行的分布式电推进飞机每英里预期总成本。

电动垂直起降飞机的运行更安静，因此，与目前由优步或来福车（Lyft）等网约车提供的地面交通服务相比，这种飞机可能会为更有竞争力的城市空中旅行需求打开新的市场。然而，如果

　　　　　　　　　　　　　　　电动飞机技术基础

没有预定的空中交通管制和基础设施，这样的航空旅行解决方案不可能成为现实。如果有足够的空中交通管理，以确保安全、无缝、流畅和快速周转，垂直起降城市空中旅行可以通过避开道路拥堵，提供更快、无麻烦的旅行，完全颠覆零排放城市的旅行体验。

10.9　所有者成本

除了旅行成本和每座每英里成本（CASM）比较之外，航空公司还使用所有者成本这一指标来评估新上市飞机的经济性。该参数允许对航空公司打算购买的飞机的所有费用进行基准计算。这些信息可以输入它通常并行执行的值分析程序中。拥有成本的特殊性，也被称为"生命周期成本"（LCC），与旅行成本或 CASM 相对，因为它不仅是在给定的时间点估计的，而且是在飞机的整个生命周期估计的。它是根据从飞机投入使用到处置期间的费用预测编制的。

显然，电动飞机将更昂贵的新开发技术和材料结合在一起，在进入市场时价格也更高。这与汽车行业的情况类似，只是没有附加政府激励措施。

如前所述，维护成本的节约可能有助于总体上降低拥有成本。飞机的电气化程度越高，其维护成本就能降低得越多，尤其是在飞机上实施健康监测的情况下。然而，在后者的好处最终实现之前，由于初始学习期、健康监测费用的收回时间等因素，会造成一定的时间滞后。如参考文献 [11] 所述，图 10.30 比较了传统公务机、多电公务机和全电动公务机的健康监测和飞机停机成本，而图 10.31 显示了拥有成本指数的相对盈亏平衡时间。

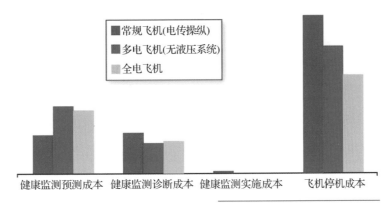

图 10.30　健康监测与维护成本比较

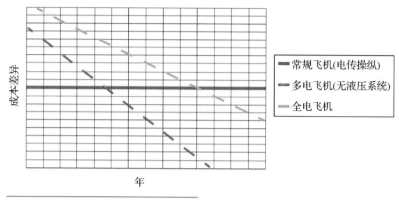

图 10.31　所有者成本指数比较（公务机）

10.10　环境排放足迹

从环境保护角度来看，由于使用了多电飞机，如波音 787 飞机，碳排放方面已经取得了很大的进展。

波音 787 的无引气发动机系统更省油、更容易维护，这对乘客来说也是一个好消息。由于引气（用于常规飞机的空调）是发动机的副产品，它可能仍然含有微量的燃烧产物，这些燃烧产物在非常低的浓度下不会对健康构成威胁。相反，波音 787 采用了不依赖发动机引气的电动空调系统，使用了从未与发动机接触过的更加清洁的外部空气。

噪声也是一个主要因素，无论是在飞机内的乘客还是飞行路线上的地面社区，都能感受到。客运飞机的噪声不仅是由发动机产生的，还与一些结构和系统部件的空气动力学有关。在飞机进近机场条件下，起落架展开、襟翼展开及机身噪声占主导地位；而在其他飞行阶段，发动机是造成大部分噪声的主要因素。

在传统飞机上，引气也用于除冰：利用热空气通过排气孔吹过机翼，但会产生令人不快的"啸叫"声。在这个不引气的系统中，一个"电加热层"直接安装在机翼上，用以加热机翼，使其不受结冰的影响。这是一个完全无声的过程，不仅为乘客提供了更好的飞行体验，也为居住在航班航线附近的社区提供了更好的体验。

通过用机电系统取代其他气动和液压系统，可以实现更多"多电技术"的系统优化。飞机的气动和液压系统是造成乘客在飞行中听到的许多奇怪噪声的主要原因，转换到电气的解决方案将有利于更安静的飞行过程。

根据参考文献 [18] 的研究，考虑到 154 名乘客的短程飞机，参考飞机和混合动力飞机总的飞机噪声足迹几乎没有变化。考虑到参考涡轮发动机和混合动力发动机的噪声性能相似，这并不令人感到惊讶。然而，通过解决主要部件产生噪声的根本原因，推进系统仍有进一步降低飞机噪声的空间。事实证明，这种方法可以归结为重新考虑起落架和襟翼系统在机身一侧的设计，以及在发动机上的喷气口和风扇结构优化。

全电飞机可以彻底消除内燃机噪声，从而大幅降低整体噪声。图 10.32 显示了在通用航空的情况下，分布式电推进是如何通过采用"降低推进器尖端速度"和"扩展频谱"等降噪方法来帮助缓解噪声问题的 [25]。

现在，让我们考虑氧化氮（NO_x）排放的情况。Bradley 和 Droney[18] 评估了混合电推进发动机的氮氧化物排放，该发动机是为 10.5 节中描述的"大跨度桁架"短程飞机提供动力的。得到的结果表明，在起飞和降落阶段，与波音 737 的基准涡扇发动机 CFM – 56 相比，由于推进效率和热效率的提高，以及推力下降特性的改善，

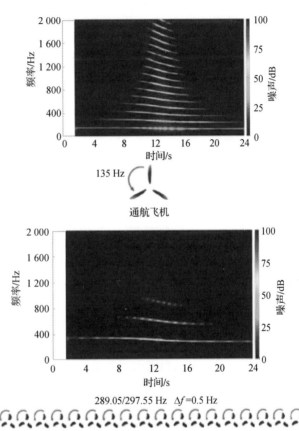

图 10.32　通航飞机的噪声性能（传统涡轴推进和分布式电推进）

混合电推进发动机可以实现 NO_x 排放的减少。因此，混合动力发动机的氮氧化物含量估计在 CAEP/6 水平的 7.5% ～ 11% 之间，实际上优于"不超过"20%的指标。

考虑到飞机巡航条件，对于发动机运行在"平衡"混合模式下的混合动力飞机，即涡轮发动机和电机部分在整个任务中都以平衡方式运行，NO_x 排放接近 80% 的减

排目标。当采取混合动力发动机，能够运行在"核心机关闭"模式，即涡轮发动机部分在飞行包线的某些运行点被切断，只留下电动机自行运行。在 900 n mile 的飞行任务中，飞机在超过大约 50% 的巡航段中基本上没有氮氧化物排放。

截至 2010 年，航空运输业直接温室气体排放量占全球排放量的 2% 以上。然而，在整个交通运输部门的全球排放中，这一数字几乎占了不到 14%。

气候变化是一个全球性问题，需要从多方面加以解决。在航空航天工业中，飞机和发动机制造商、他们的供应链、航空公司、机场、空中交通管理服务机构、研究机构和民用航空当局一直在努力实现一个共同的目标，即减少航空业对环境的总体影响。

为了在有限的时间内实现较为激进的环境目标，政府的政策[26] 和资金都集中在这一领域的研究上。因此，欧洲处于大气研究的前沿，率先制订了优先的环境行动计划，并建立了全球环境标准。

2011 年，一个欧洲专家小组出版了《2050 年飞行地平线》（Flightpath 2050），为欧洲航空业设定了一个绿色发展愿景。为此，欧洲航空研究与创新咨询委员会（ACARE）于 2012 年制定了战略研究与创新计划（SRIA），确定了实现这些激进或艰巨目标的技术路径。这一愿景将涉及飞机机身、发动机、机载系统设备、ATM/ 基础设施和航空公司运营优化。为了推动这一行动，欧洲创新委员会为行业制定了以下步骤（见图 10.33）[27]。

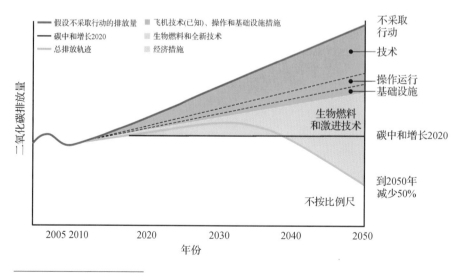

图 10.33　航空碳排放路线图

首先，作为中间目标，燃料效率每年平均提高 1.5%，到 2020 年达到碳中和。

从 2020 年起，在经济措施的帮助下，确保碳中和增长，最终在 2050 年实现以下相对于 2005 年水平的减排：

（1）二氧化碳减少 50%（见图 10.33）；

（2）NO_x 排放减少 80%；

（3）噪声降低 50%。

最近，欧盟委员会在其目标远大的航空 2050 年飞行地平线的远景中设立了 2050 年目标。与 2000 年现有的典型新型飞机相比，Flightpath 2050 制定了更远大的行业目标，以更加积极地推进环保议程：

（1）二氧化碳排放量减少 75%；

（2）NO_x 排放减少 90%；

（3）可感知的飞机飞行噪声减少 65%。

在现有技术的基础上，包括飞机和发动机系统设计方法的重大转变，给新一代技术的发展设定了很高的门槛。其中还包括呼吁飞机在飞行时实现零排放的绿色滑行目标。

正如第 9 章所讨论的那样，飞机制造商已经在寻求通过动力系统电气化提高燃油效率、减少排放和噪声的技术。目前，飞机还是使用主发动机在停机坪上移动，可以想象到，这会消耗很多航空燃料。通过在飞机的机轮上增加电动马达，并通过机载辅助动力装置（APU）为其提供滑行动力，可以在地面滑行作业中显著降低燃油消耗。这使得飞机能够在不使用主发动机的情况下滑行，为中短途飞机提供约 3% 的极具吸引力的地面燃油节省作业。

有时，绿色解决方案确实会带来经济效益，但这可能与所使用的能源类型和相关的价格水平有关。其中一个例子就是绿色电动滑行系统，这是一个渐进式的电气化解决方案。不幸的是，目前相对较低的油价并没有帮助这些解决方案进入市场。事实上，尽管得到了航空行业的广泛支持，但上述电动滑行系统的开发目前仍处于停滞状态，原因是油价太低，至少在目前来说，这并不具有显著的经济意义。

一方面，在油价下跌的情况下，航空公司可能会获得更多的利润，这是不可否认的。但另一方面，低油价削弱了基于传统飞机平台的技术提升或改进开发的经济前景，无论它们是使用电力还是传统技术，它们的重点都是减少燃料消耗。根据这一理论，在低油价的情况下，由于价格较高，具有新发动机飞机平台的销售增长可能会减弱。

在传统飞机上，航空燃料是主要的成本驱动因素，降低燃料消耗有助于间接降低气体排放水平。但是，我们不能依赖行业那种为了减少排放而减少燃料消耗的自发愿望，因为在低燃料价格的时期，技术推进动力可能会减弱，甚至更糟，完全停止。

对于航空业的未来，无论是纯电动还是混合电动版本的电动飞机，其核心都是在控制排放、提高能源效率和提供引人注目的商业案例之间找到最佳平衡点。

参 考 文 献

[1] https://www.slideshare.net/reyyandemir/aviation-industry-and-mro-sector-trends,accessed October 18, 2017.

[2] https://www.iata.org/pressroom/facts_figures/fact_sheets/Documents/fact-sheet-fuel.pdf, accessed October 18, 2017.

[3] https://www.indexmundi.com/commodities/?commodity=jet-fuel&months=240, accessed October 2017.

[4] https://www.iata.org/publications/economics/Documents/Financial_Forecast_Presentation_Dec07.pdf, accessed October 28, 2017.

[5] https://www.iata.org/whatwedo/Documents/economics/Central-forecast-end-year-2016-tables.pdf, accessed October 28, 2017.

[6] http://web.mit.edu/airlinedata/www/Expenses&Related.html, accessed October 28,2017.

[7] Aviation Daily, Market Briefing, June 30, 2014, Page 6, http://aviationweek.com/sitefiles/aviationweek.com/files/uploads/2014/06/avd_06_30_2014_cht1.pdf, accessed October 21, 2017.

[8] FAA, "Aircraft Operating Costs," https://www.faa.gov/regulations_policies/policy_

guidance/benefit_cost/media/econ-value-section-4-op-costs.pdf, accessed October 22, 2017.

[9] Kharina, A. and Rutherford, D.,"Fuel Efficiency Trends for New Commercial Jet Aircraft: 1960 to 2014," The International Council on Clean Transportation (ICCT), White Paper, August 2015.

[10] Ensign, T.R. and Gallman, J.W.,"Energy Optimized Equipment Systems for General Aviation Jets," Cessna Aircraft Company, 44th AIAA Aerospace Sciences Meeting and Exhibit, AIAA 2006-228, Reno, NV, USA, January 9-12, 2006.

[11] Stoufflet, B.,"Towards an All Electrical Falcon," Dassault Aviation, The More Electrical Aircraft—Achievements and Perspective for the Future—ICAS Workshop, Cape Town, South Africa, September 2, 2013, http://www.icas.org/media/pdf/Workshops/2013/Towards All Electrical Aircraft Stoufflet.pdf, accessed July 12, 2017.

[12] Le Peuvédic, J.-M.,"High-Performance HVDC Starter/Generators for the More Electric Aeroplane," Dassault Aviation, Electric & Hybrid Aerospace Technology Symposium 2015, Bremen, Germany, November 17-18, 2015.

[13] Jomier, T., Technical Report of "More Open Electrical Technologies" (MOET) Project(European Commission 6th Framework Programme), Airbus Operations S.A.S., December 14, 2009.

[14] https://leehamnews.com/2012/07/05/no-plateau-on-737ng-boeing/, accessed October 19, 2017.

[15] Isikveren, A.T.,"Hybrid-Electric Aircraft: The Necessary Waypoints in Fulfilling Flightpath 2050," Bauhaus Luftfahrt, IQPC 2nd International More Electric Aircraft Conference, Hamburg, Germany, December 3-5, 2014.

[16] Hornung, M.,"Aviation 2050: Potentials and Challenges," Bauhaus Luftfahrt, Electric & Hybrid Aerospace Technology Symposium 2015, Bremen, Germany, November 17-18, 2015.

[17] Isikveren, A.T. and Schmidt, M.,"Conceptual Studies of Future Hybrid-Electric

Regional Aircraft," Bauhaus Luftfahrt, Munich Aerospace, 22nd International Symposium on Air Breathing Engines, Phoenix, AZ, USA, October 25-30, 2015, ISABE-2015-20285.

[18] Bradley, M.K. and Droney, C.K.,"Subsonic Ultra Green Aircraft Research: Phase II—Volume II—Hybrid Electric Design Exploration," prepared by the Boeing Company for NASA Langley Research Center, Contract NNL08AA16B - Task Order NNL11AA00T, NASA/CR–2015-218704/Volume II, April 2015.

[19] http://www.boeing.com/aboutus/environment/environment_report_14/2.3_future_flight.html, accessed December 14, 2017.

[20] "Can the 787 & A350 Transform the Economics of Long-Haul Services?," Aircraft Commerce, Issue No. 39, February/March 2005.

[21] https://www.sec.gov/Archives/edgar/data/319687/000095012310086414/h76206e425.htm, accessed October 20, 2017.

[22] Hepperle, M.,"Electric Flight—Potential and Limitations," prepared by German Aerospace Center (DLR) for NATO STO Workshop "Energy Efficient Technologies and Concepts of Operation", 2012, DOI: 10.14339/STO-MP-AVT-209.

[23] Moore, M.D.,"The Forthcoming Distributed Electric Propulsion Flight Era," NASA Langley Research Center, Power Systems Track Panel—Electric Flight, SAE 2016 Aerospace Systems and Technology Conference (ASTC), Hartford, CT, USA, September 27-29, 2016.

[24] Moore, M.D.,"Convergence of Market, Technology, and Regulation," NASA Langley Research Center, NASA On Demand Mobility (ODM) Roadmap presentation, Transformative Vertical Flight Concepts—3rd Joint (SAE/AHS/AIAA/NASA) Workshop on Enabling New Flight Concepts Through Novel Propulsion and Energy Architectures, Hartford, CT, USA, September 29-30, 2016.

[25] Rizzi, S.A.,"Tools for Assessing Community Noise of DEP Vehicles," NASA Langley Research Center, Highly Integrated Distributed Electric Propulsion Tools and Testing Panel Discussion, AHS-AIAA Transformative Vertical Flight Concepts

Joint Workshop on Enabling New Flight Concepts through Novel Propulsion and Energy Architectures, Arlington, VA, USA, August 26-27, 2014.

[26] http://blogs.edf.org/climatetalks/2015/05/01/airlines-biofuel-ambitions-must-notincrease-emissions/, accessed November 8, 2017.

[27] Stumpf, E., Nolte, P., Apffelstaedt, A., Zill, T. et al.,"IATA Technology Roadmap," prepared by German Aerospace Center DLR and Georgia Institute of Technology and IATA, 4th Edition, June 2013.

后 记
POSTSCRIPT

　　正如读者已经发现的，图书《电动飞机技术基础》提供了航空业受到飞机电气化技术趋势影响的基本概念和模式。这种模式将使用多种能源（燃料、液压、气动、机械）的传统飞机简化为利用单一能源（电能）提高运行效率的飞机。电动飞机上的大规模储能系统，有时会与其他能源相结合，随时准备从各种能源系统为机载电气化负载到推进系统本身供电。

　　汽车行业在电气化领域取得了重大技术进展和突破。然而，碳基燃料的能量效率水平是很难被超越的，电动汽车产量较小、续航里程受限以及储能成本较高，导致电动汽车生产成本上升，市场渗透率增长缓慢。但是，这种情况每天都在发生着变化，电动车辆大规模增产的转折点必将发生在未来几年内，由此而衍生的电动技术肯定会在其他应用领域逐渐占据上风，并得到广泛应用。

　　事实上，利用电池技术的最新进展，特别是考虑到电池的能量密度等指标，更多的电动飞机正准备在今后 10 年之内飞上天空。从那以后，对于短程和远程的电动飞机来说，成熟的、高功率密度的电气架构要达到可接受的水平可能还至少需要 10 年或 20 年的时间。即使到那时，这些飞机可能也只能使用混合电推进系统架构。

　　全球与电动航空相关的投资活动和研究项目正在如火如荼地进行，这必将带来突破性进展，有助于重塑电动飞机和绿色航空出行的交通格局。用新能源取代航空领域的化石燃料并非易事。我们可能会想，是不是几百万年的时间沉积赋予了汽油和煤油无与伦比的能量密度，因此任何具有成本效益的替代性新能源及存储技术要完全取代汽油和煤油的主导地位，都需要一定的时间周期。

我们可以看到，无论是通过燃料电池还是高性能锂电池实现的交通动力电气化，都正在慢慢超过碳化石燃料的应用，并已经成为汽车行业自动驾驶的推动因素。同样的情况也可能发生在具有城市交通概念的航空领域，即使自主航空飞行的概念不再是明日之事。

我们都知道安全指标对于飞机的设计生产和飞行是多么的重要。这也意味着，无论如何，安全规则和设计条例最终都不会被违反。希腊神话中的伊卡洛斯，如果他听从了代达罗斯关于"安全飞行"的警告，很可能会在奔向自由的飞行过程中幸存下来。但是，他飞得太高了，离太阳太近了，因而面临着最终死亡的悲剧。如果他的翅膀有足够的自主性和权限，它们可能就会阻止他所做的事情，并拯救他的生命。不过，令人欣慰的是，从古代和近代学到的各种经验教训仍然牢牢地铭刻在航空专家的脑海中，安全从来都不是航空业的第二考虑。在设计未来的航空交通运输解决方案时，这种先见之明将有助于确保这一点，并严格遵守规定，决不妥协。否则，其他的先进技术方案无疑将受到适航认证机构的无情惩罚和打击，并阻碍其进入航空市场。

随着电动飞机技术的发展，必将会有越来越多的先进技术出现并且成功实现，但这些技术也会根据时间以及操作方法实施而设定自己的应用限制条件。在时间尺度上，由于电动和混合电动飞机技术的发展，对航空煤油的依赖可能会逐渐减少，但它的最终淘汰可能只会在较长的时间框架内渐进发生。

未来的城市和通用航空、支线和短途或长途飞机将更加绿色环保和安静，同时以可持续的方式最大限度地提高乘客机动性和飞行舒适性体验。电动飞机技术是这种不可阻挡的推动力的支柱。电动飞机所飞过的城市，以及它们赖以运行的机场或垂直起降场附近的社区，最终将从空中交通污染排放和噪声中得到缓解。

帕斯卡·塞林